타운스가 들려주는 레이저 이야기

타운스가 들려주는 레이저 이야기

ⓒ 육근철, 2010

초판 1쇄 발행일 | 2010년 9월 1일
초판 12쇄 발행일 | 2021년 5월 31일

지은이 | 육근철
펴낸이 | 정은영
펴낸곳 | (주)자음과모음

출판등록 | 2001년 11월 28일 제2001-000259호
주   소 | 04047 서울시 마포구 양화로6길 49
전   화 | 편집부 (02)324-2347, 경영지원부 (02)325-6047
팩   스 | 편집부 (02)324-2348, 경영지원부 (02)2648-1311
e-mail | jamoteen@jamobook.com

ISBN 978-89-544-2212-3 (44400)

타운스가 들려주는

레이저 이야기

| 육근철 지음 |

㈜자음과모음

빛을 꿈꾸는 청소년을 위한
'레이저' 이야기

　인류 문명의 최초의 빛, 레이저는 어떻게 만들었을까요? 그 해답이 이 책 속에 있습니다. 과학은 궁금증에서부터 시작합니다. 그리고 인간이면 누구나 그 호기심을 해결하기 위해 감추어진 것을 찾아내고 흩어진 것을 짜 맞추어서 해답을 얻어낼 수 있는 능력이 있습니다.

　그래서 시인은 언어로 시를 쓰고, 화가는 물감으로 그림을 그리고, 음악가는 음계로 작곡을 한다면, 과학자는 수식으로 자연의 질서와 법칙을 기술합니다. 바로 이러한 인간의 창작 능력 때문에 오늘날 찬란한 문명의 꽃을 피웠습니다. 인간이 만든 문명의 꽃, 레이저도 이러한 과학자들의 창작 능력 때문에 발명된 것입니다.

타운스는 과학자이면서 교육자입니다. 그는 곳곳에서 여러분에게 창의적 아이디어를 이야기할 것입니다. 예를 들어, 타운스는 아인슈타인이 만든 $E=mc^2$ 공식을 재미있게 바꾸어서 이야기합니다. 질량을 나타내는 m은 동기 부여(motivation)로, 빛의 속도를 나타내는 c는 창의성(creativity)으로 바꾸어 보면 다음과 같이 쓸 수 있습니다.

$$Energy = motivation \times creativity^2$$

즉, 여러분이 높은 상태로 올라가려는 에너지를 얻으려면 동기 부여와 창의성이 있어야 한다는 것입니다. 이것이 바로 창의적 사고입니다. 이 책을 읽으면서 여러분도 타운스처럼 창의적으로 사고할 수 있는 사람이 되길 바랍니다.

이 책을 만드는 데 감수를 해 준 한남대학교 장수 교수님과 (주)자음과모음 편집자 여러분에게 고마움을 전합니다.

육 근 철

차례

빛이란 무엇일까?

광원은 어떻게 빛을 낼까요?
광원에 대해서 알아봅시다.

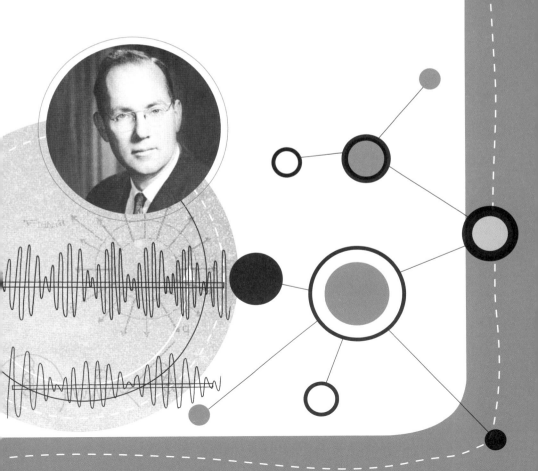

1

빛이란 무엇일까?

타운스가 환하게 웃으며
첫 번째 수업을 시작했다.

스스로 빛을 내는 물체

안녕하세요? 나는 물리학자 타운스입니다. 미국 캘리포니아에서 살고 있는데, 여러분에게 레이저 이야기를 들려주기 위해 한국에 왔어요. 50년 전의 내 아이디어 때문에 세상이 이렇게 변할 줄은 예상치 못했어요. 그리고 내가 지금 이렇게 여러분 앞에서 레이저에 대해 강의를 하게 될 줄도 몰랐지요. 나는 여러 번 동방의 아침의 나라 '코리아'에 꼭 가 봐야겠다고 생각했는데, 오늘 드디어 그 소원이 이루어졌습니다.

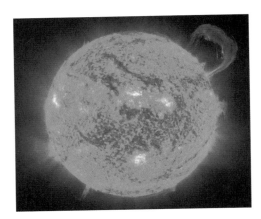

불타는 태양

아침 하면 여러분 머릿속에 떠오르는 단어가 무엇이지요?

태양? 그렇습니다. 한국에서 보는 아침의 태양은 참 아름다웠습니다. 태양은 절대 등급이 +4.8인 밝은 별에 해당합니다. 별 중에서 태양처럼 스스로 빛을 내는 별을 항성이라고 합니다. 그리고 이렇게 스스로 빛을 내는 물체를 광원이라 하지요.

광원에는 어떤 것들이 있나요? 태양, 촛불, 백열전등, 모닥불, 용광로, 네온사인, 반딧불이, 가스레인지, 레이저 등 매우 많지요?

그렇습니다. 우리 주변에는 이렇게 스스로 빛을 내는 광원들이 많이 있습니다. 이들 광원을 두 가지로 분류해 봅시다.

분류를 할 때는 먼저 분류 기준을 정해야 합니다. 예컨대 자연 광원과 인공 광원, 뜨거운 광원과 차가운 광원으로 분류할 수 있지요. 태양, 반딧불이는 자연 광원에 속하고 촛불, 백열전등, 모닥불, 용광로, 형광등, 수은등, 네온사인, 레이저 등은 인공 광원에 속합니다.

이와 같은 광원들은 어떻게 빛을 낼까요? 지금부터 광원이 빛을 내는 원리에 대해서 알아봅시다.

빛을 방출하는 원리

백열전구는 필라멘트인 텅스텐에 전류가 흘러 빛이 나오겠지요? 또 숯 덩어리가 탈 때는 열에 의해 달구어지면서 빛을 내고, 나트륨등은 나트륨 원자에 전자를 충돌시켜 빛을 냅니다.

그렇다면 텅스텐, 숯 덩어리, 나트륨은 무엇으로 이루어져 있나요? 이 세상 모든 물질들은 원자로 이루어져 있습니다. 원자는 화학 반응을 통해서는 더 이상 쪼갤 수 없는 가장 작은 기본 단위를 말합니다. 그러나 현대 물리학의 관점에서는 가장 작은 단위가 원자가 아닙니다. 원자는 원자핵과 전자로 구성되어 있고, 원자핵은 또 양성자와 중성자로 구성되어 있

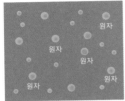

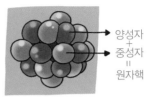

원자의 구조

습니다.

　원자는 기본적으로 작은 진동을 하고 있는데 외부로부터 열이나 빛을 받으면 진동 에너지가 커지게 됩니다. 에너지가 커지면 원자는 불안정하게 되는데, 이런 상태를 우리는 들뜬 상태라고 합니다.

　들뜬상태란 바로 흥분 상태를 말합니다. 사람도 흥분하면 얼굴이 붉어지고, 열이 나지요? 그런 것처럼 원자 속의 전자들도 흥분 상태가 되면 에너지가 큰 상태로 됩니다. 그러나 흥분이 가라앉으면 들뜬상태에서 낮은 에너지 상태로 바뀝니다. 이렇게 전자가 들뜬상태에서 낮은 에너지 상태로 바뀔 때에는 두 진동 궤도의 에너지 차에 해당하는 색의 빛을 방출합니다.

　여러 색의 빛이 나오느냐 한 가지 색의 빛이 나오느냐의 문제는 원자의 덩어리가 큰 덩어리냐 작은 덩어리냐에 따라 달

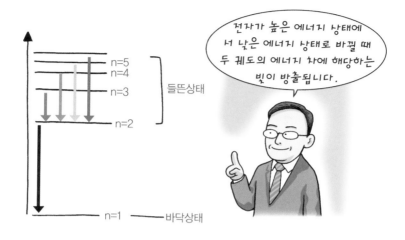

전자가 높은 에너지 상태에서 낮은 에너지 상태로 바뀔 때 두 궤도의 에너지 차에 해당하는 빛이 방출됩니다.

n=5
n=4
n=3
들뜬상태
n=2

n=1 ———— 바닥상태

전자의 전이

라집니다. 큰 덩어리에서는 여러 입자들이 진동을 하게 되고, 작은 덩어리인 단일 원자에서는 한 개의 입자가 진동을 하게 됩니다. 여러 입자들이 진동을 하는 큰 덩어리에서는 다양한 색의 빛이 나오게 되고, 한 개의 입자가 진동하면 단일 색의 빛이 나오게 됩니다. 따라서 큰 원자 덩어리에서는 여러 색의 빛이 방출되므로 이들 빛이 합쳐져서 백색광이 나오고, 단일 원자에서는 그 진동 에너지 차에 해당하는 단일 색의 빛이 방출되어 한 가지 색으로 보입니다.

예컨대 백열전구에서 빛이 나오는 것은 필라멘트인 텅스텐 원자들이 전류에 의해 가열되어 빛이 방출되기 때문입니다.

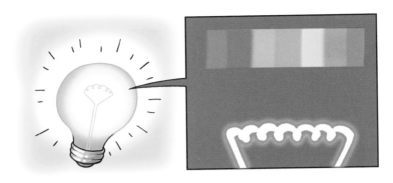

전등불 및 스펙트럼

필라멘트에 전류가 흐르면 전자의 에너지가 텅스텐 원자에게 주어지는데 텅스텐은 저항이 매우 크기 때문에 열이 많이 발생합니다. 즉, 텅스텐 원자 속의 전자들이 높은 에너지 상태로 들떠 있다가 낮은 에너지 상태로 돌아오면서 그 차이만큼의 빛이 방출되는 것입니다.

그런데 텅스텐은 덩치가 큰 고체 덩어리이기 때문에 여러 전자들이 진동을 합니다. 그래서 여러 가지 색의 빛이 나오게 되고 우리 눈에는 이들 빛이 합성되어 백색광으로 보이게 되는 것입니다.

검은 숯 덩어리가 탈 때에도 열과 빛을 방출합니다. 평상시에는 낮은 에너지로 진동하던 숯이 불에 뜨겁게 달구어지면 열에너지를 받아서 숯의 전자들이 들뜬 에너지 상태로 되어 크게 진동을 합니다. 이 상태는 불안정하므로 안정해지기 위해 낮은 에너지 상태로 되는데, 이때 두 에너지 상태의 차에 해당하는 색의 빛이 나옵니다. 에너지 차가 증가할수록 방출되는 빛의 색이 빨강에서 파랑으로 변해갑니다. 따라서 온도가 올라감에 따라 붉은색 불꽃에서 파란색 불꽃으로 바뀌어가는 것입니다.

나트륨(Na), 칼륨(K)과 같이 단일 금속 원자에서도 마찬가지로 낮은 에너지 상태에 있던 전자가 에너지를 얻으면 들뜬 에너지 상태가 됩니다. 그러나 들뜬 에너지 상태에서는 오래 머물러 있을 수 없으므로 바로 낮은 에너지 상태로 전자

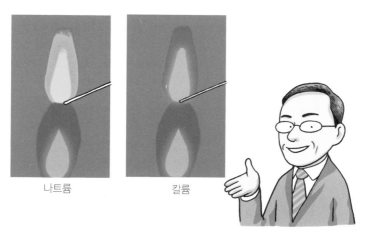

나트륨   칼륨

나트륨과 칼륨의 불꽃 색

전이가 일어나면서 높은 에너지 상태와 낮은 에너지 상태인 두 에너지 차이에 해당하는 빛이 밖으로 방출하게 됩니다. 그래서 나트륨에서는 노란색 빛이 나오고, 칼륨에서는 보라색 빛이 나옵니다.

이렇게 높은 에너지 상태에서 낮은 에너지 상태로 전자 전이가 일어날 때 두 에너지 상태의 차이만큼의 에너지가 밖으로 방출되는데, 이 에너지가 바로 빛입니다. 따라서 광원은 이러한 원리로 빛을 방출하는 것입니다.

그러나 태양은 4개의 수소 원자핵이 융합해서 1개의 헬륨 원자핵을 만들 때 생기는 에너지에 의해 빛을 냅니다. 여러분이 잘 알고 있는 아인슈타인은 이러한 핵융합 과정에서 발생하는 질량의 차이가 에너지로 바뀌어 빛으로 나온다는 것을 밝혀냈지요. 즉, 헬륨 원자핵 1개의 질량은 수소 원자핵 4개의 질량보다 0.7% 모자라므로 1g의 수소가 헬륨 핵으로 전환될 때 0.007g의 질량 차이가 생깁니다. 이 질량 차이(Δm)에 광속도를 제곱하여 곱해진 만큼의 에너지가 생기는데, 이 에너지가 바로 빛입니다.

이때 적용되는 식이 그 유명한 아인슈타인의 질량과 에너지의 등가 공식입니다.

$$E = mc^2$$

E : 에너지,　　　m : 질량,　　　c : 빛의 속도

자, 그럼 지금부터 광원이 어떻게 빛을 내는지를 알아보기 위해 연필심으로 불을 켜는 실험을 직접 해 봅시다.

여기 샤프심이 있습니다. 샤프심은 흑연으로 되어 있다는 것을 여러분은 이미 알고 있겠지요? 샤프심의 양쪽에 +, ― 두 단자를 연결합니다. 그리고 9V의 건전지에 연결해 봅시다. 샤프심이 빨리 타는 것을 방지하기 위해 샤프심을 병 속에 넣고 실험하면 더 좋습니다. 샤프심에 연기가 나다가 서서히 빨갛게 달구어지는 것을 볼 수 있지요. 그 다음에는 밝게 빛나며 빛이 나기 시작합니다.

이때 흑연 원자 속의 전자들은 전기 에너지에 의해 들뜬상

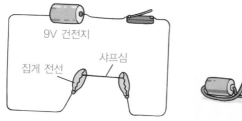

9V 건전지

집게 전선　　　샤프심

연필심으로 불 켜기 실험

태로 올라갔다가 낮은 에너지 상태로 내려오면서 두 에너지의 차이만큼 빛이 나옵니다. 그래서 우리는 밝은 빛을 볼 수 있는 것입니다.

이제 어떻게 해서 빛이 나오는지 알겠지요?

그럼 이제부터 본격적으로 레이저에 대해서 알아보겠습니다. 그런데 레이저는 왜 만들었을까요? 우선 이 궁금증부터 해소할 필요가 있습니다. 그래서 다음 시간에는 우선 레이저의 원리가 어떻게 발견되었는지, 레이저의 역사에 대해서 알아보겠습니다.

응? 저건 뭐지?
별똥별인가?

휙ㅡ

환하게 빛을
내고 있어.

가로등에 달린 전구
에서도 빛이 나고…,
빛은 왜 나는 걸까?

글쎄…, 그러고 보니
세상에는 빛나는 게
꽤 많네. 태양과 반딧
불이도 빛을 내잖아.

빛을 내는 물체를 '광원'
이라고 하죠. 빛의 근원이
된다는 뜻이랍니다.

저희도 그 정도는 안다고요,
박사님~.

그런데 그런 광원들은
어떻게 빛을 내는 건가요?

세상의
모든 물질
들은 원자로
구성되어 있다
는 건 알고 있죠? 원자가
열에너지를 흡수하면 원자 속의 전자들이 흥
분을 해서 '들뜬상태'가 되지요.

네, 아주 잘 알고 있어요. 전자들의
흥분 상태란 들뜬상태잖아요.

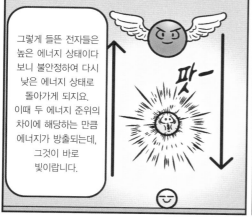

그렇게 들뜬 전자들은
높은 에너지 상태이다
보니 불안정하여 다시
낮은 에너지 상태로
돌아가게 되지요.
이때 두 에너지 준위의
차이에 해당하는 만큼
에너지가 방출되는데,
그것이 바로
빛이랍니다.

팟ㅡ

슈우우…

앗! 저기 좀 봐.

아까 우리가 본 게 별똥별이
아니라 우주선이었어!

2

레이저의 역사

레이저는 어떤 사람들이 만들었을까요?
레이저의 역사에 대해서 알아봅시다.

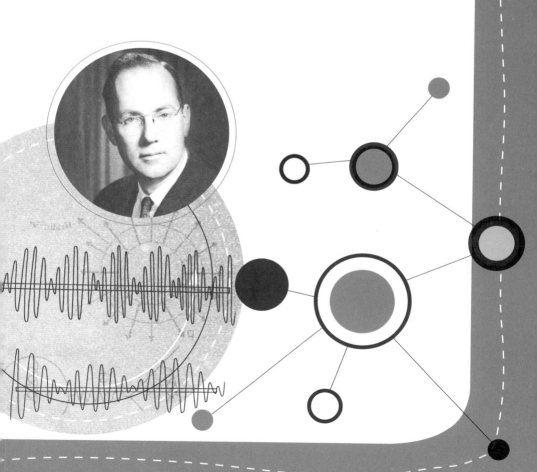

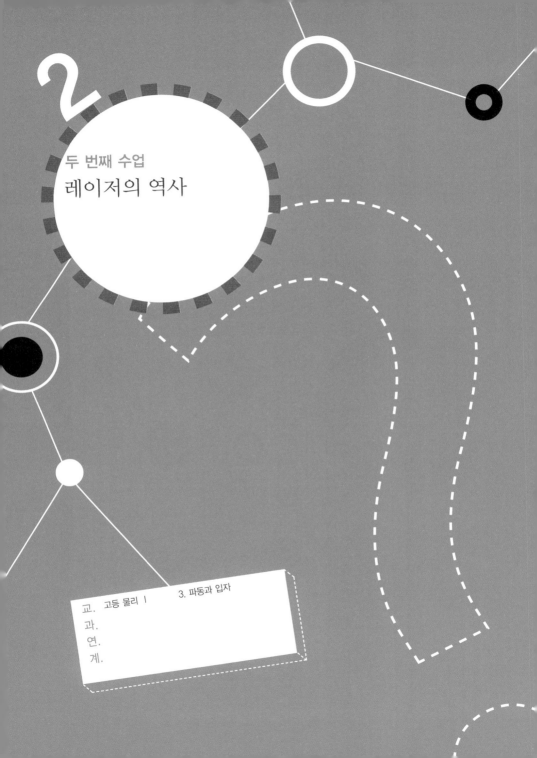

2

레이저의 역사

교. 고등 물리 I   3. 파동과 입자
과.
연.
계.

타운스가
몇 장의 초상화를 가지고 와서
두 번째 수업을 시작했다.

레이저를 만든 일곱 명의 과학자

'문명의 빛' 레이저는 지금으로부터 50년 전인 1960년 7월에 발명되었습니다. 이렇게 짧은 기간에 레이저가 금세기 최고의 발명으로서 현대 문명의 총아가 된 것은 한 사람의 공로가 아니라 여러 과학자들의 창의적인 아이디어와 실험 정신 덕분이었습니다. 나 역시 그 여러 명의 과학자 중 한 사람에 불과합니다.

레이저 발명에 크게 기여한 과학자는 7명입니다. 그중 제

일 먼저 레이저 발명에 문을 열고, 주춧돌을 놓은 사람은 여러분도 잘 아는 플랑크와 아인슈타인입니다.

불연속적 에너지관을 도입한 플랑크

첫 번째로 기여한 플랑크(Max Planck, 1858~1947)에 대해 먼저 이야기해 볼게요.

플랑크는 용광로에서 나오는 불빛의 에너지와 진동수 사이의 관계를 간단하고 획기적으로 정리한 과학자입니다. 1800년대 후반 슈테판(Josef Stefan, 1835~1893), 볼츠만(Ludwig Boltzmann, 1844~1906), 레일리(John Rayleigh, 1842~1919), 진스(James Jeans, 1877~1946), 빈(Wilhelm Wien, 1864~1928)과 같은 과학자들도 같은 연구를 진행했으나 그들은 흑체 복사에서의 빛의 파장과 에너지 사이의 문제를 정확하게 풀지 못했습니다.

이때 플랑크는 새로운 제안을 하게 됩니다. 그는 "빛의 에너지가 연속적인 값을 갖는 것이 아니라 어떤 단위 값의 정수배인 특정한 값만을 갖는다"라는 가설을 세웠습니다. 즉, 각각의 빛은 각각에 알맞은 진동수에 비례하는 에너지만 주고

빛의 파장과 에너지 사이의 관계를 설명하기 위해 내 이름을 딴 플랑크 상수, h를 도입했지요. 이 값을 이용하면 빛 에너지의 불연속적인 값을 나타낼 수 있습니다.

플랑크상수 → h

받을 수 있다고 가정한 것이지요. 이때 비례 상수는 h, 진동수는 f라고 하면 에너지는 특정한 값 nhf(n=1, 2, 3···)에 해당하는 에너지만 주고받을 수 있다는 것입니다. 이것이 유명한 양자 가설로, 이제까지의 에너지에 대한 개념을 연속적인 것에서 불연속적인 것으로 바꾸어 놓은 코페르니쿠스적 발상이었습니다.

$$E = nhf \ (n=1, \ 2, \ 3\cdots)$$

결국 플랑크의 아이디어는 빛의 에너지가 1hf, 2hf, 3hf 등의 값만 가질 수 있다는 것입니다. 따라서 빛 에너지는 연속적이지 않고 불연속적이어야 한다는 것입니다. 이 주장은 1905년에 발표한 아인슈타인의 광양자설과도 잘 들어맞았습니다. 세상을 연속적인 에너지관에서 불연속적인 에너지관으로 변화시키는 중대한 연구 결과였지요.

이렇게 플랑크의 양자 가설은 양자 역학이라는 새로운 과학 세상을 여는 데 기여했습니다. 그리고 인간이 만든 최초의 빛인 레이저를 발명하도록 미지의 문을 열어 주는 위대한 역할을 한 것입니다.

유도 방출을 예언한 아인슈타인

두 번째로 기여한 사람은 아인슈타인(Albert Einstein, 1879~1955)입니다. 아인슈타인이 원자 내의 전자에 관한 연구를 하면서부터 레이저에 관한 기술 개발이 시작되었다고 할 수 있습니다. 그때까지 들뜬 전자는 외부의 자극이 없어도 스스로 빛을 방출한다고 알려졌었죠.

그런데 아인슈타인은 1916년에 들뜬 전자를 자극하여 특정 파장의 빛을 방출할 수 있다고 예언했습니다. 이것이 그유명한 유도 방출입니다. 방출에는 자연 방출과 유도 방출이 있습니다. 자연 방출은 들뜬 전자가 바닥상태로 제멋대로 떨어지기 때문에 큰 에너지를 얻기가 어렵습니다.

반면에 유도 방출은 자연 방출과는 달리 큰 에너지를 얻을 수 있어 많은 과학자들이 유도 방출에 대해 연구를 하기 시작했지요. 그러던 중에 독일의 물리학자 라덴부르크(Rudolf Ladenburg, 1882~1952)의 실험적 성공은 아인슈타인의 유도 방출 이론이 레이저로 이어지는 아주 중요한 역할을 하게 됩니다.

하지만 이때의 유도 방출은 매우 적고 대부분은 자연 방출이었습니다. 그 이유는 전자들이 들뜬상태로 머무는 시간이 10^{-8}초 이하로 매우 짧아 유도 방출을 시킬 수가 없었기 때문입니다. 따라서 레이저 광을 발진시키기 위해서는 유도 방출 외에도 빛의 증폭이 꼭 필요했습니다.

유도 방출을 증폭하는 연구 방법은 구소련의 파브리칸트(V. A. Fabrikant)가 1951년에 최초로 제안했지만 발표하지 않아서 레이저 발명에 영향을 주지 못했습니다. 이후에 웨버(Joseph Weber, 1919~2000)가 1953년에 유도 방출에 의한 증폭을 예언했고, 1954년에는 구소련의 바소프(Nicolay Basov, 1922~2001)와 프로호로프(Alexander Prokhorov, 1916~2002)가 유도 방출을 증폭하는 논문을 발표하여 노벨 물리학상을 받는 결정적 계기가 되었습니다.

아인슈타인은 참으로 재미있는 생각을 많이 한 과학자입니다. 플랑크가 양자 가설을 통해서 20세기 물리학이 이전의 물리학과 전혀 다른 양상을 갖도록 해 주었다면, 아인슈타인은 상대론과 양자 역학을 통하여 20세기 이후의 물리학의 문을 연 과학자입니다. 많은 과학자들이 빛은 파동이라고 생각하고 있을 때, 그는 "빛은 파동의 형태로 행동하지 않고 한 무더기의 토막토막 떨어진 에너지 양자들로 행동한다."고 말함으로써 빛의 양자화에 쐐기를 박았습니다. 이러한 빛의 양자화, 즉 빛 에너지는 $E=nhf$의 불연속적인 값을 갖는다는 이론이 기초가 되어 오늘날 레이저가 발명된 것입니다.

메이저를 발명한 타운스

세 번째로 기여한 사람은 바로 나, 타운스입니다.

제2차 세계 대전 중 내가 벨 연구소에 근무할 때였습니다. 나는 공군으로부터 24,000MHz(1MHz=1×10^6Hz)의 진동수, 1.25cm의 파장을 갖는 극초단파 레이더를 만들 것을 요청 받았습니다.

공군은 레이더 요원과 비행기 조종사 사이에 신호를 주고받기 위해 강력한 전자기파를 낼 수 있는 레이더가 필요했던 것입니다. 당시 비행기 조종사와 레이더 기지 사이에 사용되던 레이더의 주파수가 10,000MHz, 3cm의 파장이었으니 24,000MHz의 진동수, 1.25cm의 파장을 갖는 극초단파 레이더의 요청은 대단한 것이었습니다.

나는 불가능하다고 거절했습니다. 그렇게 파장이 짧은 극

과학자의 비밀노트

극초단파
파장의 범위가 1mm~1m 사이의 극히 짧은 전자기파를 말한다. 파장이 짧으므로 빛과 거의 비슷한 성질을 갖고 있으며, 살균력이 강하다는 특징이 있다.

초단파는 공기 중에 있는 수증기에 의해 흡수되기 때문입니다. 따라서 이 짧은 파장의 전자기파를 만든다 하더라도 조종사와 레이더 기지 사이의 통신에는 사용할 수 없다는 것을 잘 알고 있었습니다. 그러나 공군 당국의 요청은 집요했습니다.

결국 발진 장치는 만들어졌지만 공군의 의도대로 사용될 수는 없었습니다. 이것이 바로 메이저입니다. 메이저(MASER)란 'Microwave Amplification by Stimulated Emission of Radiation'의 머리글자를 따서 만든 새로운 용어입니다. 한국말로 번역하면 '방사선의 유도 방출에 의한 극초단파 증폭'입니다. 공군은 연구비만 낭비하였다고 생각했지요. 그러나 당시의 메이저에 관한 연구가 훗날 레이저를 탄생시키는 직접적인 원동력이 되었으니 공군의 투자는 헛된 것이 아니었습니다.

그런 연구가 있은 후, 나는 벨 연구소에서 컬럼비아 대학 교수로 취임했습니다. 대학으로 옮긴 후에도 계속해서 물질의 비밀을 찾아내는 극초단파 분광학 연구에 열중했습니다. 제자들과 함께 24,000MHz의 진동수를 갖는 극초단파를 암모니아 기체에 쪼이는 연구를 진행했습니다. 정전기장을 써서 암모니아 분자들을 들뜨게 하면 들뜬 분자들이 과잉 상태가 될 것이라고 생각했습니다. 또한 이들 들뜬 분자들이 바

닥상태로 돌아올 때 강력한 전자기파가 방출될 것이라고 생각했습니다. 나의 아이디어는 확고했습니다. 그러나 2년간이나 혼신의 힘을 다하여 노력했지만 강력한 전자기파는 발진하지 못했습니다. 그러다가 1953년에 드디어 암모니아 기체에서 강력한 메이저를 발진하는 데 성공했습니다. 결국 나는 1964년에 〈메이저의 발명과 레이저의 제안〉의 공로로 노벨 물리학상을 받았습니다.

퍼먼 대학에서 문예 학사를 받고 듀크 대학에서 언어학 석사 학위를 취득한 내가 노벨 물리학상을 받았다는 것이 이상하지요? 아닙니다. 문학 쪽을 공부하면서도 나는 늘 물리학에 관심을 가졌고, 그래서 캘리포니아 공과 대학에 들어가 박사 과정을 밟게 된 것입니다. 넓은 사고, 자유로운 사상이 오히려 물리학 분야에서 새로운 아이디어를 내는 데 중요한 역할을 했다고 생각합니다.

여러분도 공부에 편식하지 말고 폭넓게 공부하기 바랍니다. 많은 책을 읽으면서 늘 자연 속에서 무엇인가를 배워 나가기를 바랍니다. 왜냐하면 자연과 분리된 나는 존재할 수 없기 때문입니다.

레이저의 기본 원리로 특허를 따낸 숄로

네 번째로 기여한 과학자는 숄로(Arthur Schawlow, 1921 ~1999)입니다. 숄로는 나의 매제인데, 석·박사 학위를 캐나다의 토론토 대학에서 받은 능력 있는 과학자입니다. 그는 나와 같이 극초단파 분광학 책을 쓰기도 했고, 함께 레이저를 연구했던 팀원이었습니다.

숄로와 나는 광학 메이저를 발진시키는 데 충족해야 할 조건을 찾다가, 들뜬상태의 전자나 원자들을 두 개의 평면 반사경 사이에 놓아야 한다는 데 의견 일치를 보았습니다. 이러한 발진기는 마루와 골이 일정한 파동을 발생시킬 수 있다는 것을 1958년에 발표했습니다.

솔로는 이와 같은 레이저의 기본 원리로 미국 최초의 특허를 취득했습니다. 그는 메이저가 적외선 영역에서 광학적으로 작동할 수 있다는 것을 보여 주었고, 이 특별한 시스템을 어떻게 완성할 것인지에 대해 이론적으로 보여 준 매우 명석하고 실험 능력이 뛰어난 물리학자였습니다.

그는 나와 함께 가시광선 영역에서도 유도 방출에 의한 빛의 증폭이 가능하다는 것을 보여 주었습니다. 1981년, 마침내 그도 〈레이저 분광학 분야 연구〉로 노벨 물리학상을 수상했습니다. 그러나 그는 안타깝게도 일찍 세상을 떠났습니다. 그에 비하면 나는 너무 오래 살고 있는 것이지요.

최초로 '레이저'라는 명칭을 만든 굴드

다섯 번째로 기여한 사람은 굴드(Gordon Gould, 1920~2005)입니다. 굴드와 나는 인연이 매우 깊습니다. 때로는 서로 부딪치고 경쟁하면서 같은 분야를 연구하고 발전시켜 왔습니다.

레이저 광을 발진시키기 위해서는 바닥상태에 있는 전자나 원자를 들뜬상태로 올라가게 해 줄 강력한 펌프가 필요했습니다. 예전에는 탈륨(Tl) 램프 같은 강력한 펌프가 없었지요. 그때 굴드가 탈륨 램프를 실험하고 있다는 소식을 듣고 그에게 탈륨 램프를 빌려줄 것을 요청했지요. 그리고 나의 연구 내용과 탈륨 램프가 왜 필요한지에 대해서도 설명했어요.

그런데 나의 설명을 들은 굴드는 마이크로파(microwave) 대신에 빛(light)을 증폭시켜 발진시킬 수 있다는 생각을 해내고 이 연구에 뛰어들었어요. 1957년, 그는 마침내 광 메이저 장치의 원형을 설계하는 데 성공했습니다. 그리고 그는 내가 생각한 메이저(Microwave Amplification by Stimulated Emission of Radiation)를 레이저(Light Amplification by Stimulated Emission of Radiation)로 바꾸는 획기적인 생각을 하게 되지요. 그리하여 그는 최초로 '레이저'라는 명칭을 만든 과학자가 되었습니다. 이것은 마이크로파를 빛으로 바꾸는 단순한 아이디어였지만, 레이저라는 새로운 이름이 탄생하는 결정적 계기가 된 것입니다.

세계 최초의 루비 레이저를 발명한 메이먼

  여섯 번째로 기여한 사람은 메이먼(Theodore Maiman, 1927~)입니다. 나와 숄로가 1958년에 두 개의 평면 반사경을 사용하여 간섭성이 강한 광 메이저 이론을 발표하자 많은 기술자들이 이 원리를 실현시키고자 노력했습니다. 메이먼도 이런 기술자들 중 한 사람이었지요.

  1960년 6월, 휴즈사의 양자 전자 공학계의 젊은 책임자인 메이먼은 인류 최초의 레이저 광을 발진시키는 큰 업적을 거두었습니다. 메이먼은 스탠퍼드 대학에서 전기 공학으로 석사 학위를 받고, 같은 대학원에서 물리학 박사 학위를 받은 공학도입니다. 그는 박사 학위를 받은 지 불과 5년 만에 세계 최초의 루비 레이저를 발명한 것입니다. 놀라운 일이지요?

  여러분도 할 수 있습니다. 그것은 우연이 아니었습니다. 과학에서는 우연은 없습니다. 모든 결과에는 반드시 그럴 수밖에 없는 어떤 원인이 있기 마련입니다. 그는 TV 송신기, 제어 계통, 전자 시험 기기 등을 담당하는 전자 기술자이면서 박사 과정에서는 극초단파 분광학을 공부했던 것이지요.

  메이먼의 초기 레이저는 길이가 2cm, 지름이 1cm밖에 안 되는 아주 작은 것이었습니다. 그가 세계 최초로 루비 레이저 원리를 쓴 논문은 〈피지컬 리뷰〉라는 물리학회지에 보내졌지만 거절당했지요. 1960년, 마침내 그의 논문이 영국의 과학 잡지인 〈네이처〉에 게재되었습니다.

세계 최초의 레이저 광 발진 논문이 거절당했다는 것은 매우 놀랄 만한 사건이 아닙니까? 그는 자신에 차 있었습니다. 메이먼은 레이저가 광 레이더로서 빛을 우주에 보내서 목표물을 맞추고 되돌아오게 하여 정밀한 사진을 얻을 수 있다고 주장했습니다. 또 레이저 광을 바늘 끝처럼 집광시켜서 식물, 입자 등을 소독할 수 있다고 주장했지요.

메이먼이 발명한 루비 레이저는 최초의 레이저라는 중요한 의의를 가지지만, 효율이 낮고 펄스로만 나타난다는 단점 때문에 오늘날 널리 이용되지 않습니다. 이렇게 그는 최초의 레이저를 만들어 낸 아주 중요한 업적을 남겼음에도 불구하고 노벨상을 받지 못했습니다. 노벨상은 한 분야에서 네 명 이상을 수여할 수 없다는 규정 때문이라니 참 아쉬운 일이지요.

기체 레이저를 발명한 자반

일곱 번째로 기여한 사람은 자반(Ali Javan, 1926~)입니다. 벨 연구소에 근무했던 자반은 1960년 말에 기체 레이저를 발명했습니다. 실험실에서 가장 흔하게 접할 수 있는 헬륨-네온 레이저이지요. 이것은 헬륨과 네온의 혼합 기체를 수정관 속에 넣고 전파 발진기로 들뜨게 하는 원리입니다.

기체를 방전시키면 헬륨 원자는 들뜨게 되고, 들뜬 헬륨 원자는 네온 원자에게 전달되어 네온 원자를 들뜬상태로 만듭니다. 이런 과정에서 레이저 동작을 충족시키는 아이디어를 낸 것이지요. 이 논문은 〈피지컬 리뷰〉에 실리게 됩니다. 메이먼의 세계 최초 레이저 논문을 거절했던 실수를 또 저지르지 않은 것이지요. 특히 자반이 발명한 헬륨-네온 레이저는 연속해서 빛이 발진하는 연속 레이저였고, 효율도 비교적 높은 레이저였습니다.

이처럼 레이저가 만들어져서 실용화되기까지 많은 과학자들의 도전 정신과 끊임없는 연구가 뒷받침되어야 했습니다.

미국의 조지아 대학에 있는 토렌스 창의성 센터에 가면 다음과 같은 글이 적혀 있습니다.

"Don't be afraid to fall in love with something." (새로운 일에 빠지는 것을 두려워하지 마라)

　　여러분도 새로운 세계에 빠지는 것을 두려워하지 말고 새
로운 일과 사랑에 빠지길 바랍니다.

우주선도 고장 났고, 광선검 도 고장 났네…. 이거 큰일인 데?! 이 별은 무슨 별인가요?

여긴 지구라는 별이에요.

슈우우...

어머, 진짜 외계인이야!

내 우주선과 광선검을 고치려면 레이저 기술이 필요한데, 이 별에도 그런 기술이 발달되었나요?

오~, 레이저 기술 말입니까? 물론입니다.

이 별에서 레이저는 '문명의 빛'이라고 불리지요. 지금으로부터 50년 전에 만들어졌고요. 플랑크와 아인슈타인이 레이저 발명에 문을 열고 주춧돌은 놓았지요.

그리고 그 다음으로 레이저 발명에 기여한 사람이 바로 나랍니다. 하하하!

나는 입자들이 더욱 강력하게 들뜬상태가 되게 하려고 했지요.

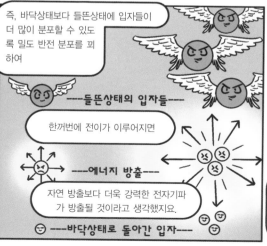

즉, 바닥상태보다 들뜬상태에 입자들이 더 많이 분포할 수 있도 록 밀도 반전 분포를 꾀하 여

----들뜬상태의 입자들----

한꺼번에 전이가 이루어지면

----에너지 방출----

자연 방출보다 더욱 강력한 전자기파 가 방출될 것이라고 생각했지요.

☺ ----바닥상태로 돌아간 입자----

네…, 알겠으니, 이제 좀 도와달라고요!

폴짝

폴짝

자부심이 너무 강하셔.

휴, 우리 박사님이 훌륭한 과학자라는 건 알겠는데….

3

메이저의 원리

메이저와 레이저는 어떤 관계가 있을까요?
메이저의 기본 원리를 알아봅시다.

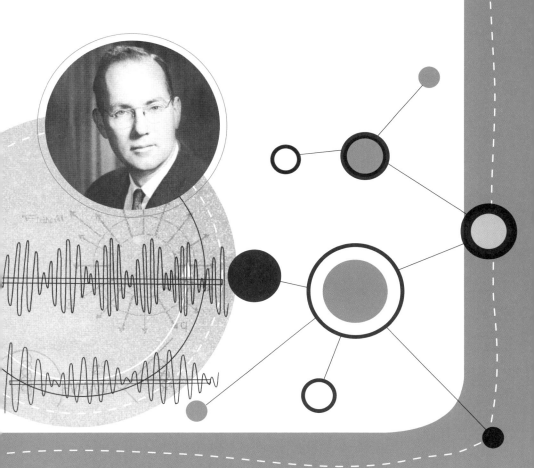

3

세 번째 수업

메이저의 원리

타운스가
추억에 잠긴 듯한 표정으로
세 번째 수업을 시작했다.

타운스의 학창 시절

두 번째 시간에 이미 이야기했지만, 나는 암모니아 기체 분자들을 들뜨게 하면 들뜬 분자들이 과잉 상태가 될 것이라고 확신하고 있었습니다. 들뜬상태의 과포화된 분자들이 바닥상태로 되돌아올 때 두 에너지 준위의 차이에 해당하는 강력한 간섭성 전자기파가 방출할 것이라고 생각했습니다. 이것은 이미 아인슈타인에 의해서 밝혀진 이론이었지요. 다만 아직 들뜬 분자들이 바닥상태로 떨어질 때 방출되는 에너지를 실험적으로 증명하지 못했던 것뿐입니다.

위대한 발명이나 발견은 어느 날 갑자기 하늘에서 뚝 떨어지는 것이 아닙니다. 어린 시절 자연 속에서 많은 경험을 해보면서 호기심을 갖고, '왜 그렇지? → 어떻게 할까? → 해보자 → 어디에 적용할까? → 아하! 그렇구나'의 다섯 단계 탐구 과정을 많이 체득해 본 사람만이 발명이나 발견을 할 수 있는 것입니다.

한 사람이 성공하기 위해서는 네 명의 스승이 필요하다고 합니다. 그 첫 번째 스승은 부모님이고, 두 번째 스승은 선생님이며, 세 번째 스승은 자기 자신이고, 네 번째 스승은 자연이라고 합니다. 과학자에게 있어 가장 중요한 스승은 바로 자기 자신과 자연입니다. 여러분도 늘 자연과 친하게 지내길 바랍니다.

자, 지금부터 나의 초등학교 시절로 시간 여행을 떠나 봅시다. 내가 초등학교 다닐 때의 어느 여름날이었습니다. 교실에서 수업을 받고 있는데, '우르릉 쾅!' 하고 천둥과 번개가 치더니 소나기가 세차게 내리기 시작했습니다. 우산도 없는데 어떻게 집에 가야할지 걱정이 됐습니다.

그러나 수업이 다 끝나고 밖에 나와 보니 먹구름은 온데간데없고 파란 하늘에는 뭉게구름이 피어오르고 있었습니다.

여름날 한 줄기 소나기가 지나갔던 것입니다. 나는 같은 방향으로 가는 남학생들과 함께 우르르 몰려 질퍽한 운동장을 걸어갔습니다. 저만치 몇 걸음 앞에는 한 무리의 여학생들이 재잘거리며 플라타너스 나무 밑을 걸어가고 있었지요. 나뭇잎에 붙어 있던 물방울들이 한두 방울씩 떨어져 여학생들의 옷 위로 뚝뚝 떨어졌습니다.

어느 누구도 딱히 빗방울을 피하려고 하는 학생은 없었습니다. 그때 갑자기 한 남학생이 여학생들을 향해 달려가는 것이 아닙니까? 나는 멍하니 보고만 있었습니다. 순식간의 일이었으니까요. 막 달려가던 그 남학생은 2단 옆차기라도 하듯 나무 기둥을 발로 차고 도망갔습니다. 순간 여학생들은 "으악!" 비명을 지르며 그 자리에 모두 주저앉고 말았지요. 여학생들은 상기된 얼굴로 화를 내면서 발을 동동 굴렀습니다. 여학생들을 지나치면서 나는 미안한 생각이 들기도 했지만, 한편으론 그 남학생이 부럽기도 했습니다.

여러분도 이런 경험이 있나요? 분명 그 남학생의 행동은 비신사적이고, 예의 바르지 못한 행동이었습니다. 하지만 플라타너스 나뭇잎에 매달린 수많은 물방울들을 이용해서 여학생들을 놀릴 수 있다는 생각을 해 본 적도 없고, 그런 장난을 칠 만큼 용기도 없었던 나는 그 남학생이 부러웠습니다.

　그 남학생은 내가 할 수 없는 일을 할 수 있는 학생이라고 생각했고, 내가 전혀 생각하지 못한 아이디어를 가진 창의적이고 도전적인 학생이라고 생각했으니까요. 왜냐고요?

　자, 한번 그 남학생의 행동을 분석해 봅시다. 다른 학생들은 전혀 생각하지 못했던 것을 이 악동은 생각해 냈다는 데 의미가 있습니다. 즉, 이 악동은 다음과 같은 남다른 생각을 한 것이지요.

　첫째, 소나기 때문에 플라타너스 나뭇잎에는 수많은 물방울들이 붙어 있을 것이다.

둘째, 갑자기 나무 기둥에 충격을 주면 수많은 물방울들이 한꺼번에 쏟아져 내릴 것이다.

셋째, 수많은 물방울들은 나무 밑을 지나는 여학생들에게 쏟아져 내릴 것이다.

넷째, 한두 방울의 물방울은 옷을 적시지 못하지만 수많은 물방울들은 옷을 흠뻑 적시게 할 것이다.

다섯째, 여학생들을 골려줄 수 있을 것이다.

나는 메이저에 대한 연구를 하면서 늘 어린 시절의 이 기억을 떠올리곤 했습니다. 즉, 나뭇잎에 붙어 있던 물방울들이 한두 방울씩 저절로 떨어지는 현상을 자연 방출이라고 생각한 것이지요. 저절로 떨어지는 빗방울을 피하려고 뛰어가는 학생들은 없었습니다. 왜냐고요? 자연 방출에 의한 에너지는 큰일을 할 수 없는 산발적인 작은 에너지에 불과하기 때문입니다.

그러나 남학생이 나무를 발로 찼을 때 한꺼번에 많이 떨어진 물방울들은 물 폭탄이 되어 여학생들의 옷을 흠뻑 적시게 만들었습니다. 이것이 바로 유도 방출의 원리입니다. 발로 차서 한꺼번에 많이 떨어진 물방울은 유도된 물방울로, 저절로 떨어진 물방울에 비해 매우 큰 에너지를 가지고 있었던 것입니다. 즉, 유도 방출에 의한 에너지는 매우 큰 에너지로 많은 일을 할 수 있는 능력이 있다는 것입니다.

어렸을 적의 이 간접적인 경험이 후에 메이저를 발진시키는 데 아주 큰 역할을 했습니다. 메이저를 발진시키기 위해서는 악동의 아이디어 같은 새로운 아이디어를 내놓아야만 했습니다. 그래서 다음과 같은 아이디어를 내놓았습니다.

첫째, 많은 원자나 전자들을 들뜬 에너지 상태로 만들어 주어야 한다.

둘째, 들뜬 원자나 전자들에 충격을 주어 한꺼번에 바닥상태로 쏟아져 내리게 해야 한다.

셋째, 수많은 원자나 전자들이 바닥상태로 쏟아져 내리면서 에너지를 방출할 것이다.

넷째, 이 에너지를 잘 모아서 중첩시키면 새로운 파장의 극초단파가 나올 것이다.

다섯째, 이 극초단파로 관제탑과 조종사 사이에 무선 통신을 할 수 있을 것이다.

어떻습니까? 어린 시절의 작은 경험이 노벨상을 타는 데 이렇게 결정적인 역할을 했다는 것이 신기하지 않습니까?

여러분도 늘 궁리하고 직접 수행해 보면서 어린 시절을 보내세요.

메이저가 발진하기 위한 두 가지 조건

메이저를 발진시키기 위해서는 다음과 같은 두 가지 조건이 필요했습니다.

첫째는, 플라타너스의 나뭇잎에 많은 물방울들을 머금게 하는 소나기의 역할입니다. 원자나 전자들은 바닥상태에서

에너지 준위가 높아질수록 원자나 전자들의 개수는 급격히 감소합니다.

가장 많이 머물러 있으며, 에너지 준위가 높아질수록 원자나 전자들의 개수는 급격히 감소합니다. 이 이론은 아인슈타인에 의해서 이미 알려진 원리입니다. 따라서 바닥상태에 많이 분포해 있는 전자나 원자들을 높은 에너지 준위로 끌어올려 오래 머물게 하는 방안이 필요했습니다.

둘째는, 나뭇잎이 가지고 있는 수많은 물방울들을 한꺼번에 떨어지게 하는 남학생의 발차기 역할입니다. 높은 에너지 준위에 있는 원자나 전자들은 불안정하여 조금만 에너지를 줘도 금세 바닥상태로 떨어지게 됩니다. 이때 발로 차는 행위, 즉 흔들어 주는 행위가 필요했습니다. 그래서 나는 들뜬 상태에 있는 전자나 원자들에 빛과 같은 에너지를 쬐면 바닥상태로 떨어지게 할 수 있다는 아이디어를 냈습니다.

드디어 메이저가 발진하다

1951년 봄.

해군에서 조직한 위원회에 참석하기 위해 워싱턴에 왔을 때의 일이었습니다. 이른 아침에 나는 함께 자고 있던 숄로를 깨우지 않고 살짝 방에서 빠져나와 프랭클린 공원의 벤치에 앉아 있었습니다. 주변에는 형형색색의 아름다운 진달래 꽃이 만발해 있었습니다. 눈은 아름다운 꽃을 보고 있는데 머릿속에서는 끊임없이 '어떻게 하면 짧은 전자기파를 얻을 수 있을까?'에 대한 생각으로 꽉 차 있었습니다.

그때까지 극히 짧은 전자기파를 얻는 유일한 방법은 공진기를 작게 만드는 방법밖에 없었지요. 다른 방법이 없을까 하고 벤치에 앉아 궁리하고 있었습니다. 그러다가 순간적으로 하나의 아이디어가 떠올랐습니다. 바로 원자나 분자를 이용한 공진기를 만들어 보자는 생각이었습니다. 재빨리 주머니에 있던 봉투 뒷면에 비어 있는 높은 에너지 준위에 공급해야 할 들뜬 분자의 개수를 계산해 보았습니다. 그리고 위원회에 아무것도 이야기하지 않고 곧장 연구실로 돌아와 이 문제에 매달려 연구하기 시작했습니다.

만약 암모니아(NH_3) 분자를 볼 수 있다면 그 모습은 피라

과학자의 비밀노트

공진기
사방으로 퍼져 나가는 유도 방출된 빛을 매질 속으로 계속 되돌려보내기 위해 양쪽에 거울을 배치한 장치로, 일명 '광공진기'라고도 한다.

수소 원자

질소 원자

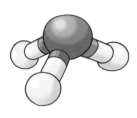

암모니아 분자

미드 모양의 정사면체일 것이라고 생각했어요. 즉, 정점에는 질소 원자가, 밑면 3개의 꼭짓점에는 수소 원자가 배치되어 있을 것이라고 생각했지요.

이 암모니아 분자에 24,000MHz의 진동수를 갖는 극초단파를 쪼이면 피라미드 모양의 분자 구조가 아래의 왼쪽 그림에서 오른쪽 그림으로 바뀐 거울상의 모습이 될 것이라고 생각한 것입니다. 이 거울상이 바로 들뜬 암모니아 분자의 모

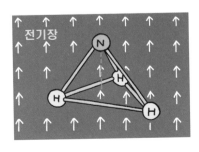

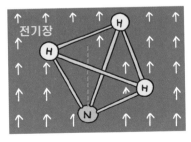

습입니다.

암모니아 기체가 전자기파를 받으면 바닥상태에서 들뜬상태로 올라가는 분자의 수만큼 거꾸로 들뜬상태에서 바닥상태로 떨어집니다. 이러한 상태를 평형 상태라고 합니다. 여기서 나는 또 하나의 새로운 아이디어를 생각해 냈습니다. 들뜬 분자들을 끌어모아서 한 에너지 준위에 집결시키면 바닥상태에 있는 분자수보다 더 많은 분자들이 들뜬상태에 있도록 할 수 있다는 것입니다. 즉, 가분수를 만들어 한꺼번에 떨어지게 할 수 있다는 아이디어입니다.

나는 이 아이디어를 실현시키겠다고 마음먹고, 연구원들을 모으기 시작했습니다. 아직 박사 과정에 있던 고든이 합류했고, 박사 과정이 끝난 자이거도 합류했지요.

내가 아이디어를 낸 지 2년이 지난 1953년 겨울의 어느 날이었습니다. 나는 분광학 세미나에 참석하고 있었습니다. 그때 고든이 황급히 조용한 세미나장으로 뛰어들어 왔습니다.

"교수님! 메이저가 발진하기 시작했습니다."

"뭐라고, 메이저가 발진하고 있어?"

우리는 서둘러 세미나장을 빠져나가 실험실로 달려갔습니다. 장치에서는 강력한 전자기파가 발진되고 있었습니다. 드디어 마이크로파로 암모니아 기체 분자를 들뜨게 하여 세계

최초로 유도 방출에 의한 강력한 전자기파를 발진시키는 데 성공한 것입니다.

이 암모니아 분자선 메이저는 정밀성이 높아서 1만 년에 1초의 오차밖에 나지 않는 암모니아 분자선 시계를 만드는 데 기여했습니다. 그리고 메이저 이론은 이후 적외선 메이저와 레이저로도 연결되었지요. 또한 메이저 이론을 응용하여 우리 팀은 은하계의 중심에 있는 블랙홀의 질량을 첫 번째로 측정할 수 있었고, 행성 간의 공간에서 복합 분자를 첫 번째로 측정하기도 했습니다.

이런 메이저 이론과 응용에 대한 업적으로 나는 1964년에 바소프, 프로호로프와 함께 노벨 물리학상을 받았습니다. 같이 연구한 고든이나 숄로가 함께 타지 못한 것을 아직도 아쉽게 생각합니다.

그리고 우리가 만들어 낸 24,000MHz의 진동수를 갖는 강력한 전자기파의 이름을 메이저(MASER, Microwave Amplification by Stimulated Emission of Radiation)라고 지었습니다. '방사선의 유도 방출에 의한 극초단파 증폭'이란 뜻인데 아주 멋지지 않습니까? 나는 이 메이저를 다른 뜻으로 바꾸어 보기도 했습니다. 'Means of Acquiring Support for Expensive Research (고비용 연구에 대한 정부의 지원을 얻는 수단)' 이라고 할까요? 이것 또한 메이저(MASER)가 아닙니까?

언어의 유희이지요. 극초단파 증폭 장치인 메이저를 발명한 것이 발명의 창의성이라면 정부 지원의 메이저 표현은 표현의 창의성이지요. 따라서 언어의 유희도 하나의 창의성입니다. 여러분도 열심히 공부하고 탐구하면서 가끔 언어의 창의성을 발휘해 보세요. 한결 공부가 재미있을 것입니다.

아무튼 이 메이저의 발진은 고든이 실험실에서 시간과 싸워가며 이루어 낸 결과였으며, 우리 팀의 연구에 승리와 영광을 안겨 준 사건이었습니다. 이 암모니아 메이저는 한 개의 정확한 진동수에서만 발진했습니다. 매우 안정성이 높은 메이저이지요. 이것이 암모니아 분자선 메이저의 큰 장점입니다. 나는 이 장점을 최대한 이용해 보고자 했습니다. 그러

과학자의 비밀노트

증폭기
입력 신호의 에너지를 증가시켜 큰 에너지로 출력하는 장치이다.

발진기
주기성을 가진 신호를 지속적으로 발생시키는 장치이다.

나 우리가 이룩해 낸 메이저는 아직 증폭기라기보다는 발진기에 불과했습니다.

'어떻게 하면 유도 방출에 의한 증폭기를 만들 수 있을까?' 이것이 나의 최대 관심사였지요.

그런데 이때 블룸베르헨(Nicolaas Bloembergen, 1920~)이라는 물리학자가 나와 같은 생각으로 반자기성 물질에서의 에너지 준위를 제안하고, 2준위보다는 3준위를 이용하면 훨씬 편리하고 쓸 만한 증폭기를 만들 수 있을 것이라는 아이디어를 냈습니다. 이 아이디어는 오늘날 3준위 고체 레이저가 나오는 데 중요한 역할을 했습니다.

대부분의 전자들은 바닥상태에 존재하고, 에너지 준위가 높을수록 전자의 수는 급격하게 줄어듭니다. 그러나 3준위 메이저에서 강력한 극초단파 신호를 받으면 전자들은 바닥

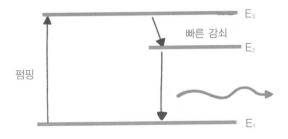

상태(E_1)에서 두 개의 들뜬 에너지 준위 중 높은 에너지 준위 (E_3)로 올라가게 됩니다. 그래서 제일 높은 에너지 준위(E_3)와 중간 에너지 준위(E_2) 사이에 전자 수의 반전이 일어납니다. 이런 상태를 밀도 반전 분포라고 합니다.

이렇게 가분수가 된 상태에서 두 들뜬상태의 에너지 차이에 해당하는 극초단파 신호가 들어오면 제일 높은 들뜬상태에 있던 많은 전자들은 중간 에너지 준위로 떨어지게 됩니다. 그런데 중간 에너지 준위에서는 전자들이 오랫동안 머무를 수 있으므로 많은 수의 전자나 원자들이 모여 있다가 한꺼번에 바닥상태로 떨어짐으로써 증폭된 극초단파가 나올 수 있는 것입니다. 이 장치가 바로 극초단파 증폭기입니다.

더욱이 이 과정은 동작 중에도 계속 반복해서 일어날 수 있기 때문에 연속적으로 증폭시킬 수 있는 장점이 있습니다. 드디어 유도 방출에 의한 극초단파 증폭 장치를 만든 것입니다.

과학자의 비밀노트

반전 분포
물질에 빛을 비추면 바닥상태에 있는 입자 수보다 상위 에너지 준위의 들뜬상태에 있는 입자 수가 더 많아진 상태를 말한다.

우리가 만든 메이저 장치는 정밀성이 높고 잡음이 적은 증폭기이기 때문에 현재에도 우주 통신이나 전파 천문학에 크게 기여하고 있습니다. 메이저는 다른 어떤 증폭 장치보다 전파 신호를 100배, 1,000배 증폭시킬 수 있기 때문에 우주 통신에 있어서 대단히 중요한 장치랍니다.

오~, 이건 정말 대단한 기술이군요! 내가 생각했던 '메이저'의 원리와 같은 방식이에요.

슈우우...

메이저라고요? 그건 뭔가요?

앗! 비다. 모두들 나무 밑으로 잠깐 비를 피해요.

싸 ─ 아 ─

그래야겠군요. 비가 그친 후에 설명하지요.

툭

나뭇잎들이 비를 잘 막아주고 있네….

나뭇잎 하나하나가 다 우산 같아.

툭

소나기였군요. 다행히 금방 그쳤네요.

꺅!!

촤악

으악! 미안해….

쿵

바로 저런 원리지요. 메이저를 발진시키기 위해서는 갑자기 나무 기둥에 충격을 주어 수많은 빗방울들이 한꺼번에 떨어지게 하는 기술이 필요했답니다. 그래서 나는 발로 나무를 차는 역할을 할 수 있는 장치를 고안해 냈지요.

악~, 이게 무슨 짓이야!

빗방울처럼 들뜬 입자들을 모아서, 한꺼번에 바닥상태로 떨어뜨리는 거죠. 이것이 곧 자연 방출보다 더욱 강력한 에너지를 내는 유도 방출의 원리죠. 유도 방출을 이용하여 난 메이저를 고안했는데, 이 광선검 역시 그런 원리로 되어 있어요.

오~, 그러면 금방 고쳐 줄 수 있겠군요!

4

메이저가 레이저로 발전하다

메이저에서 레이저로 어떻게 발전했을까요?
문제는 아이디어와 노력의 정도랍니다.

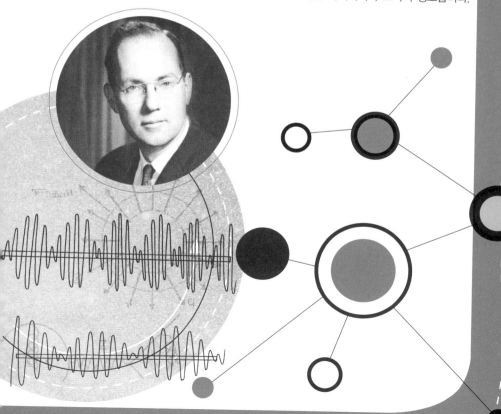

4

네 번째 수업

메이저가 레이저로
발전하다

타운스가 자신감 넘치는 표정으로
네 번째 수업을 시작했다.

메이저에서 광학 메이저로, 광학 메이저에서 레이저로

한 사람이 성공하기 위해서는 네 명의 스승이 필요하다고
말한 바 있습니다. 그중에서도 세 번째 스승인 자기 자신이
가장 중요합니다. 이 세상의 모든 일은 자기 자신에 달려 있
다는 뜻입니다. 즉, 성공을 하기 위해서는 스스로 무엇인가
를 적극적으로 해야 하는데, 나는 다음의 일곱 가지를 제안
하고 싶습니다.

일곱 색 무지개 이론

첫째, 자신이 가장 잘할 수 있는 것이 무엇인지 찾아내라!

둘째, 목표를 정했으면 열정을 가지고 강력하게 추진하라!

셋째, 자신만의 독창적인 컬러를 만들어라!

넷째, 아이디어가 있으면 실천하여 전문가가 되어라!

다섯째, 나를 도와줄 스승이나 멘토를 찾아라!

여섯째, 동료끼리 서로 도와줄 수 있는 방법을 찾아내라!

일곱째, 긍지를 갖고 공적을 세워라!

　과학자가 공동 연구를 할 때에도 앞에서 제시한 일곱 가지 조건을 잘 적용시켜야 성공할 수 있습니다. 세 명이 공동 연구를 할 때 각자 자신이 가장 잘할 수 있는 것이 무엇인지 찾아내어 맡은 일에 최선을 다하는 열정이 있어야 하지요.

　숄로, 고든 그리고 나는 각자 자신이 가장 잘할 수 있는 것이 무엇인지 정확하게 알고 열정적으로 연구했지요. 그리고 각자가 독창적인 자신의 컬러를 가지고 자기 분야에서 전문가 역할을 완벽하게 해냈습니다. 우리 세 명은 어떻게 하면 서로 도와가며 하나의 목표를 향해 성취해 나갈 것인가를 늘 고민했습니다. 그러면서도 아인슈타인과 같은 훌륭한 과학자의 생각이나 철학을 스승으로 삼고, 늘 토론하면서 실험했지요. 그 결과 내가 노벨상을 받은 것이 하나의 계기가 되어 우리는 긍지를 갖고 더 열심히 연구하게 되었습니다. 그리고 마침내 1981년에는 숄로도 노벨상을 받는 큰 성과를 거두었습니다.

여러분도 어떤 일을 할 때 내가 제안한 '일곱 색 무지개 이론'을 잘 기억해 두었다가 적극 활용하기 바랍니다. 일곱 색의 스펙트럼을 모아 '성공'이라는 백색광을 만들 수 있습니다. 이번 수업에서는 우리 팀 세 명이 어떻게 일곱 색의 스펙트럼을 혼합하여 백색광의 아름다운 작품을 만들어 냈는지 보여 줄 것입니다.

내가 아이디어를 내면 숄로는 이론적 뒷받침을 해 주고, 고든이 실험실에서 장비와 싸우면서 우리는 극초단파보다 더 짧은 가시광선 영역에서 발진할 수 있는 메이저를 만드는 데 열정을 바쳤습니다. 또한 많은 토론을 통하여 우리가 넘어야 할 문제점이 있다는 것을 발견했습니다. 즉, 암모니아 기체 분자를 이용한 메이저를 발진시키고, 획기적인 유도 방출에 의한 증폭 장치를 만들었지만 메이저는 여전히 적외선과 극초단파 사이에서 발진할 뿐 가시광선 영역에서는 발진하지 않았습니다.

따라서 메이저가 레이저로 발전하기 위해서는 아직도 넘어야 할 큰 산이 가로막고 있는 것입니다. 그러나 문제점이 있어도 해결해야지요. 문제 해결 능력, 그것이 바로 과학자가 갖추어야 할 조건이 아닙니까? 세상에 해결되지 않는 문제는 없으니까요. 그것도 창의적으로 문제를 해결할 수 있는 능력이 진짜 능력이지요. 과거의 연구는 혼자서 해결했지만 오늘날의 연구는 대부분 공동 연구에 의해서 해결되는 경향이 많습니다. 혼자서 모든 것을 다 하려고 하지 말고 공동 연구를 통해서 문제를 해결하려는 태도가 필요합니다.

그래서 나는 벨 연구소에서 근무하고 있던 내 매제인 숄로를 끌어들였습니다. 숄로는 캐나다에서 이학 석·박사 학위를 받은 정통 물리학자였고, 극초단파 분광학 책을 나와 함께 저술하기도 한 분광학의 권위자였습니다.

우리는 극초단파 메이저를 광학 메이저로 이동시키는 작업을 시작했습니다. 지금까지 전자기파 중 극초단파를 발진하는 메이저를 만들었다면, 지금부터는 가시광선 영역의 빛을 발진하는 메이저를 만들자는 것이 내 아이디어였습니다. 문제는 간단해 보였지만 쉬운 일은 아니었지요. 그래서 우리는 극초단파보다 파장이 더 짧은 가시광선 영역의 파동을 발진하기 위해 어떤 조건들이 필요한지 검토하기 시작했습니다.

그 결과 가시광선 영역에서도 극초단파에서 사용한 유도

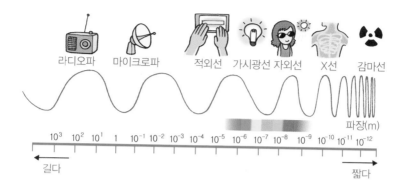

라디오파 마이크로파 적외선 가시광선 자외선 X선 감마선

파장(m)

10^3 10^2 10^1 1 10^{-1} 10^{-2} 10^{-3} 10^{-4} 10^{-5} 10^{-6} 10^{-7} 10^{-8} 10^{-9} 10^{-10} 10^{-11} 10^{-12}

길다 ←

→ 짧다

방출의 원리는 그대로 사용할 수 있다는 결론에 도달했습니다. 즉, 분광학의 에너지 준위와 공진기를 이용하면 가시광선 영역에서도 메이저 동작을 일으킬 수 있다는 결론을 내리면서 두 가지의 조건을 찾아냈어요.

첫째는 빛을 증폭시키기 위해서 두 개의 평면 반사경을 사용한 공진기를 만들어야 한다는 것이었고, 둘째는 이 공진기에 3준위의 들뜬 에너지 상태의 원자를 넣어야 한다는 것이었습니다. 문제는 이 두 가지의 조건을 어떻게 이용하여 가시광선 영역의 메이저를 발진하느냐였습니다.

극초단파에서와 마찬가지로 한 개의 원자에서 발생한 한 개의 광양자(빛)는 다른 원자의 유도 복사를 일으킬 수 있습니다.

앞에서 설명하였듯이 3준위 들뜬 에너지 상태를 공진기에 넣으면 가분수 상태가 됩니다. 이때 두 들뜬상태의 에너지 차에 의한 광양자가 들어와 결정을 쬐면 제일 높은 들뜬상태에 있던 많은 전자들은 중간 에너지 준위로 떨어지게 됩니다. 그런데 중간 에너지 준위에서는 전자들이 오랫동안 머무를 수 있습니다.

따라서 중간 에너지 준위에는 많은 수의 전자나 원자들이 모여 있다가 한꺼번에 바닥상태로 떨어짐으로써 증폭된 빛이 나올 수 있는 것입니다. 이렇게 방출된 빛은 두 개의 평면 반사경을 사용한 공진기 속에서 왔다 갔다 하면서 계속 반사되고 중첩되어 그 세기는 굉장히 강해지지요.

솔로와 내가 이런 아이디어를 1958년에 발표한 것입니다. 특히 이 빛은 마루와 골이 똑같은 파동으로 완전히 진동수가 같은, 즉 간섭성이 높은 빛이지요. 이것이 바로 광학 메이저의 기본 원리입니다. 이 아이디어는 미국 내의 많은 과학 기술자들에게 자극을 주어 이러한 빛을 발진할 수 있는 장치를 만드는 데 기폭제 작용을 한 것입니다.

지금까지 메이저의 원리에서 광학 메이저로 넘어오는 과정을 설명했습니다. 광학 메이저는 메이저에서 레이저로 넘어가는 중간 단계이지요. 근본적으로 메이저와 레이저의 중요한 차이점은 메이저는 약한 신호를 받아서 센 신호로 전환시키는 극초단파 증폭관이고, 레이저는 특이한 성질의 빛을 발생시키는 발진 장치라는 것입니다.

이러한 광학 메이저의 이론을 바탕으로 1960년에 메이먼이 광학 메이저에서 레이저가 발진되는 장치를 만들었습니다. 그는 크세논 섬광 램프에서 나오는 빛을 루비 결정체에 쬐어 줌으로써 간섭성이 매우 높은 빨강의 단색광을 만들어 냈습니다. 아래의 그림을 보면 크게 보이겠지만, 실제는 길이 2cm, 지름 1cm에 불과한 초라한 장치였습니다. 그러나 이 장치가 바로 세계 최초의 레이저였습니다.

세계 최초의 3준위 레이저는 이렇게 박사 학위를 받은 지 불과 5년밖에 되지 않은 젊은 과학자에 의해 발명되었습니다. 후에 메이먼은 기자 회견장에서 자신이 만든 레이저가

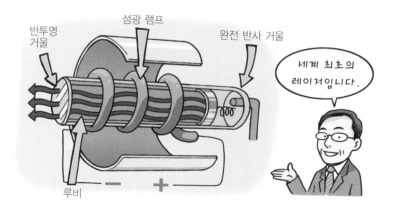

반투명 거울

섬광 램프

완전 반사 거울

루비

세계 최초의 레이저입니다.

앞으로 광범위하게 이용될 것이라고 장담하였습니다. 그러나 그가 만든 루비 레이저는 연속해서 발진하지 않고, 펄스로만 빛이 나오며, 에너지 효율이 낮다는 단점이 있어서 최근에는 사용되지 않고 있습니다.

특허 분쟁

메이저의 아이디어가 레이저를 탄생시킬 때까지 순탄하게 연구가 진행되었던 것만은 아니었습니다. 나와 숄로는 1958년 7월 30일자로 특허를 출원했고, 굴드는 1959년 4월 6일자로 특허를 출원했습니다. 내용은 거의 유사했지요. 이것 때문에 굴드가 소속되어 있던 TRG사와 숄로가 소속되어 있던 벨 연구소 사이에 특허 분쟁이 발생했어요. 결국 누가 먼저 아이디어를 냈느냐의 싸움이었지요.

앞에서도 언급하였듯이 나와 숄로는 분광학 연구를 위해서 패브리 페로 간섭계를 사용하기로 했고, 광펌핑을 위해서 강력한 탈륨 램프가 필요했지요. 그래서 굴드에게 전화하여 탈륨 램프를 빌려줄 것을 요청했던 것입니다. 그리고 머리가 좋은 굴드는 나의 설명을 듣고 따로 연구를 한 것이지요.

다행히도 나는 굴드와의 통화 내역을 저장하고, 레이저 개념을 연구 노트에 적은 후 제자의 서명을 받아 두었지요. 결국 이 서명과 출원 날짜가 빠르다는 것 때문에 미국 특허 법원에서는 나의 손을 들어 주었습니다. 벨 연구소가 이긴 것이지요.

여러분도 연구를 할 때는 연구 노트를 마련하여 기록하는 것을 생활화해야 합니다. 때에 따라서는 연구 동료의 확인을 받아 둘 필요가 있고요. 만약 굴드가 먼저 〈피지컬 리뷰〉에 투고했다면 특허권을 빼앗겼을지도 모릅니다.

어쨌든 굴드는 훌륭한 기술자였습니다. 그는 비록 이 사건으로 컬럼비아 대학에서 박사 학위를 받지도 못하고 쫓겨났지만 계속해서 레이저 연구를 했습니다. 그 결과 1961년에는 연속적으로 작동하는 광펌핑 세슘 레이저를 최초로 개발하였고, 1977년에는 '광학적으로 펌핑된 레이저 증폭 장치'로 18년 만에 특허를 받게 됩니다. 또한 1979년에는 '레이저 화학 반응, 동위 원소 분리, 열 가공'으로 두 번째 특허를 받고, '기체 방전 펌핑 레이저'로 세 번째 특허를 받았습니다.

어떻습니까? 굉장한 능력을 가진 과학 기술자이지요? 그는 학자의 길은 걷지는 못했지만 기술자와 경영자로 변신하면서 레이저 발전에 크게 기여했습니다.

레이저의 원리

어떤 조건을 만족해야 레이저가 나올까요?
레이저 발진 조건에 대해서 알아봅시다.

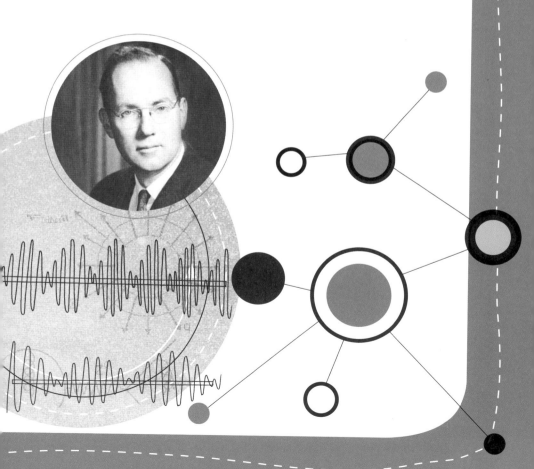

5

타운스가
칠판에 에너지 준위 도표를 그리면서
다섯 번째 수업을 시작했다.

한 사람이 성공하기 위해서는 일곱 가지 조건이 필요하듯, 레이저 광이 나오기 위해서는 세 가지의 조건이 필요합니다.

첫 번째 조건은 기체, 액체, 고체와 같은 매질이 있어야 한다는 것입니다. 두 번째 조건은 전자나 원자들의 분포가 반전되게 하는 펌핑 시스템이 필요하다는 것이고, 세 번째 조건은 방출된 빛을 중첩시켜 증폭하기 위해 두 개의 거울로 된 공진기가 있어야 한다는 것입니다.

지금부터 이 세 가지 조건에 대해서 자세하게 알아봅시다.

과학자의 비밀노트

펌핑(pumping)
원자나 이온에 빛을 비추어 에너지가 낮은 상태에서 높은 상태로 대량으로 들뜨게 하여, 높은 에너지 준위에 있는 원자 수를 열평형 상태에 있는 원자 수보다 많게 하는 일로 광펌핑이라고도 한다.

레이저가 발진하기 위한 첫 번째 조건

첫 번째 조건은 매질의 문제입니다.

레이저 발진에 쓰이는 매질을 특별히 활성 매질이라 합니다. 모든 활성 매질들은 에너지 준위를 가지고 있는데 물질에 따라서 2준위 물질, 3준위 물질, 4준위 물질들이 있습니다.

그런데 2준위 활성 매질로는 전자나 원자들의 밀도 반전을 일으키기가 불가능합니다. 레이저가 발진하기 위해서는 낮은 에너지 준위의 원자 수보다 높은 에너지 준위의 원자 수가 훨씬 많아야 합니다. 이것을 밀도 반전이라고 하지요. 따라서 레이저를 발진시키기 위해서는 반드시 밀도 반전을 일으켜야 하는데, 2준위 물질로는 밀도 반전이 불가능한 것이지요.

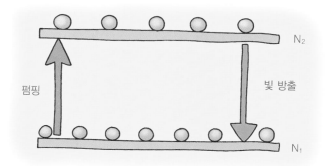

2준위 활성 매질에서의 빛 방출

　왜냐하면 오직 두 개의 에너지 준위만 있다면 외부에서 펌핑을 해 주어 낮은 에너지 준위에 있는 원자들을 높은 에너지 준위로 올려준다 하더라도 펌핑해 준 원자들이 곧바로 자발적 방출에 의해 낮은 에너지 준위로 내려오기 때문입니다. 즉, 올려 보내는 전이 확률과 내려오는 전이 확률이 같아지는 것이지요. 이것은 밑 빠진 독에 물을 붓는 것과 같지요.

　그러나 3준위 활성 매질은 다릅니다. 3준위 활성 매질에는 낮은 에너지 준위와 높은 에너지 준위 사이에 중간 에너지 준위가 하나 더 있습니다. 레이저가 발진하기 위해서는 이 중간 에너지 준위가 꼭 필요합니다. 레이저를 내는 물질이 일반 광원과 다른 중대한 차이점은 중간 에너지 준위를 갖고 있다는 것입니다. 펌핑된 들뜬 원자들은 바닥상태로 돌아가기

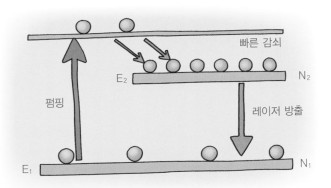

3준위 활성 매질에서의 레이저 방출

에 앞서 중간 에너지 준위에서 오래 머물러 있을 수 있습니다. 이 에너지 상태를 준안정 상태라고 합니다.

그림에서 E_2가 준안정 상태인 중간 에너지 준위입니다. 높은 에너지 준위에서는 전자나 원자들이 오래 머무를 수 없고, 직접 E_1으로 가는 것이 금지되어 있습니다. 그러나 중간 에너지 준위에서는 전자나 원자들이 오래 머무를 수 있으므로 전자나 원자들의 분포를 역전시킬 수 있습니다. 즉, 반전 분포가 가능하다는 것입니다. 비가 갠 후 플라타너스 나뭇잎에 물방울들이 잔뜩 맺힐 수 있는 조건이 형성된 것이지요. 이제 발로 차는 일만 남았어요.

즉, 준안정 상태에 머물러 있는 수많은 전자나 원자들은 외부에서 자극을 받으면 한꺼번에 유도 방출이 일어나면서 짧은 시간 동안에 펄스 형태의 레이저가 나오도록 유도하는 일만 남은 것이지요. 전자나 원자들이 한꺼번에 E_2에서 E_1으로 떨어질 때 두 에너지 차에 해당하는 빛이 밖으로 방출되는 것입니다. 이러한 3준위 활성 매질에는 최초의 레이저를 만들게 한 루비가 있습니다.

활성 매질에는 4개의 에너지 준위가 있는 4준위 활성 매질도 있습니다. 그런데 낮은 에너지 준위에 있던 전자나 원자들은 3준위 활성 매질에서와 같이 높은 에너지 준위로 올라갔다가 오래 머물지 못하고 E_2로 내려옵니다. 즉, 4준위 활성 매질에서도 밀도 반전이 가능하다는 것입니다.

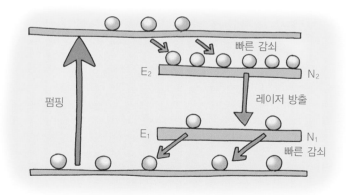

4준위 활성 매질에서의 레이저 방출

특히 4준위 활성 매질에서는 3준위 활성 매질에서보다 E_2에서의 밀도 반전이 더 심하게 이루어집니다. 그런데 E_2에서는 바로 바닥상태의 낮은 에너지 준위로 가는 것이 금지되어 있기 때문에 E_1으로만 갈 수 있습니다. 그리고 3준위 활성 매질에서와 마찬가지로 전자나 원자들이 한꺼번에 E_2에서 E_1으로 떨어질 때, 두 에너지 차이에 해당하는 $E_2 - E_1 = hf_{21}$만큼의 빛이 밖으로 방출되는 것입니다.

이런 원리로 빛을 방출하는 레이저를 4준위 레이저라고 합니다. 4준위에는 헬륨-네온 레이저, 탄산가스 레이저, 네오디뮴-야그 레이저 등 여러 가지가 있습니다. 4준위 레이저는 연속 발진이 가능하고 효율이 높다는 이점을 가지고 있습니다.

활성 매질을 에너지 준위로 나누지 않고 물질의 상태로 나누면 고체, 액체, 기체, 반도체 등 크게 네 가지 종류로 나눌 수 있습니다. 물론 그 외에도 자유 전자, X선 등도 있습니다.

레이저가 발진하기 위한 두 번째 조건

레이저가 발진하기 위한 두 번째 조건은 전자나 원자들의 분포가 가분수가 되도록 반전시키는 펌핑 시스템이 필요하다는 것입니다. 펌핑 시스템은 낮은 에너지 준위에 있는 전자나 원자들을 높은 에너지 준위로 올려서 밀도 분포가 반대가 되도록 하는 반전 분포를 시키기 위한 장치를 말합니다.

펌핑의 방법으로는 크게 광펌핑과 방전 펌핑 두 가지로 나눌 수 있습니다. 광펌핑이란 활성 매질에 강력한 빛을 쪼여 전자나 원자를 높은 에너지 준위로 올려주는 방법입니다. 활성 매질이 고체인 경우에는 매질의 흡수대가 이용되지만 기체에서는 흡수선이 이용됩니다.

따라서 펌핑해 주는 빛은 흡수 스펙트럼 선의 파장과 일치할 필요가 있습니다. 최초의 레이저인 루비 레이저가 바로 이 광펌핑을 사용해서 낮은 에너지 준위에 있는 전자나 원자들을 높은 에너지 준위로 올려서 밀도 반전을 일으키는 방법을 사용했습니다.

다음 페이지의 그림에서 활성 매질인 루비를 휘감은 부분이 바로 광펌핑 장치인 섬광 램프입니다. 섬광 램프로는 대개 크립톤(Kr)이나 크세논(Xe) 램프를 사용합니다. 연속 레이저에서는 $4,000 \sim 8,000$ Torr(압력의 단위로 '토르'라고 읽는다. 1기압$=760$ Torr)의 크립톤 램프를 사용하고 펄스 레이저에서는 $450 \sim 1,800$ Torr의 크세논 섬광 램프를 사용합니다.

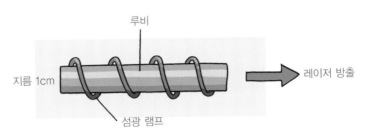

세계 최초의 루비 레이저에서의 레이저 방출 원리

이런 광펌핑 방법은 주로 고체나 색소일 때 많이 활용됩니다.

내가 처음 연구할 때 이 섬광 램프가 없어 굴드에게 빌려줄 것을 요청했던 것이 바로 이 광펌핑 램프입니다.

방전 펌핑으로는 전자 충격에 의한 방법, 분자 분리에 의한 방법, 전하의 교환에 의한 방법 등 여러 가지가 있습니다. 방전 펌핑 방식은 주로 활성 매질이 기체나 반도체일 때 사용됩니다. 이 외에도 화학 반응에 의한 방법, 전류 주입에 의한 방법 등도 있습니다.

레이저가 발진하기 위한 세 번째 조건

세 번째 조건은 방출된 빛을 두 개의 거울 속에 가두어 왕복시킴으로써 빛의 세기를 증폭시키는 공진기가 있어야 한다는 것입니다. 이러한 공진기를 광 공진기라고도 합니다.

공진기는 활성 매질로부터 방출된 빛을 한 방향으로 보내어 결이 맞도록 하는 장치로 공명 공진기라고도 하지요. 공명 공진기의 가장 간단한 모양은 두 개의 평면 반사경을 마주보게 설계한 것입니다.

이때 하나의 거울은 완전 반사 거울을 사용하고, 반대편의 거울은 반투명 거울을 사용합니다. 이렇게 두 장의 거울 속에서 빛을 반사시켜 간섭성의 빛을 만드는 장치를 '패브리 페로(Fabry Perot) 간섭계'라고 합니다. 따라서 레이저에서 사용하는 공명 공진기는 패브리 페로 간섭계 형태로 되어 있습니다.

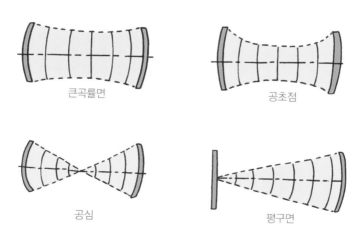

공진기의 기본 구조와 응용

그러나 이렇게 두 개의 평면 반사경이 마주보고 있는 공진기는 정렬이 어렵고 안정성이 낮아서 오늘날 잘 사용하지 않습니다. 대신 오목 거울을 사용하는 공초점 공진기, 같은 반경의 두 오목 거울을 사용하는 공심 공진기, 긴 반경의 공진기 등을 많이 사용하고 있습니다.

그렇다면 공진기는 어떤 원리로 빛을 증폭시킬까요?

여러분이 점심시간에 교실에서 소란스럽게 떠들면서 여러 목소리를 내는 경우를 생각해 봅시다. 여러 사람이 각기 다른 목소리로 떠들고 있고, 말하는 시간도 각기 다르기 때문에 소란스럽기만 할 뿐 일정한 진동수를 갖지는 못합니다. 이런 소리는 합해진다 해도 큰 소리를 낼 수 없고, 멀리 갈수도 없습니다. 이런 음파를 '비간섭성 음파'라고 합니다. 즉, 진동수 간섭성이 없는 음파이지요.

그러나 여러분이 같은 진동수로 동시에 소리를 지르면 매우 높은 진동수를 갖는 큰 소리가 만들어질 것입니다. 즉, 여러 사람의 진동수가 중첩되어서 '간섭성 정상파'가 만들어지는 것입니다. 이렇게 파동이 중첩되어 간섭성 정상파를 만드는 원리는 다음 페이지의 그림과 같습니다.

레이저에서도 유도 방출에 의해서 방출되는 빛을 두 개의 평면 반사경으로 구성된 공진기 속에서 계속 반사시켜 중첩

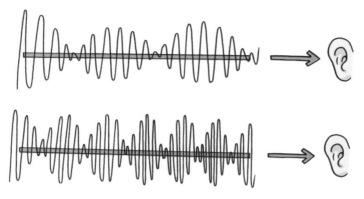

정상파의 배와 마디

시키면 입사파와 반사파가 중첩되어 일정한 진동수를 갖는 증폭된 파동이 만들어지게 됩니다. 아무리 유도 방출에 의해 일정한 진동수를 갖는 빛이 나온다 하더라도 공진기를 거치지 않으면 레이저는 방출될 수 없습니다. 레이저는 일정한 진동수를 갖는 빛이 유도 방출에 의해 나온 빛을 공진기에서 증폭시켰기 때문에 간섭성이 매우 높은 빛입니다.

따라서 레이저가 발진하기 위해서는 3준위 또는 4준위의 활성 매질이 있어야 하고, 바닥상태에 있는 전자나 원자들을 높은 에너지 준위로 올려줄 수 있는 펌핑 시스템이 있어야 합니다. 그리고 유도 방출에 의해 나온 빛을 증폭시키는 공진기가 있어야 비로소 레이저가 발진하게 됩니다.

휴, 이제야 좀 차분하게 광선검을 살펴볼 수 있겠네요. 어디… 음, 공진기가 고장 났군요.

공진기요? 그게 뭐예요? 중요한 장치인가요?

레이저가 발진하기 위해서는 필수적인 세 가지 조건이 있어요.

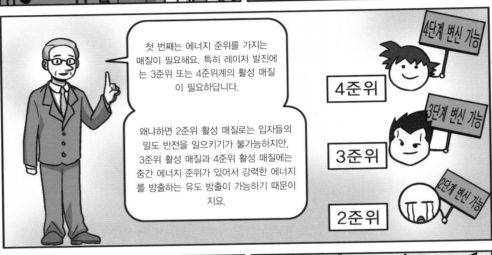

첫 번째는 에너지 준위를 가지는 매질이 필요해요. 특히 레이저 발진에는 3준위 또는 4준위계의 활성 매질이 필요하답니다.

왜냐하면 2준위 활성 매질로는 입자들의 밀도 반전을 일으키기가 불가능하지만, 3준위 활성 매질과 4준위 활성 매질에는 중간 에너지 준위가 있어서 강력한 에너지를 방출하는 유도 방출이 가능하기 때문이지요.

4단계 변신 가능

4준위

3단계 변신 가능

3준위

2단계 변신 가능

2준위

두 번째는 펌핑 시스템이 필요하죠. 이 펌핑 시스템을 통해 입자를 순식간에 높은 에너지 준위로 끌어 올리는 거예요.

뿅

펌핑 시스템

그리고 마지막으로 공진기가 필요해요. 방출된 빛을 두 개의 거울 속에 가두어 왕복시킴으로써 빛의 세기를 증폭시키는 장치랍니다.

텅

텅

텅

6

레이저에는
어떤 종류가 있을까?

레이저는 종류에 따라 어떻게 다를까요?
레이저의 종류에 대해서 알아봅시다.

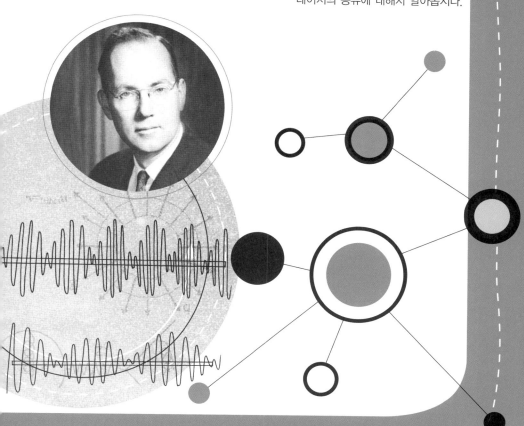

6

여섯 번째 수업

레이저에는 어떤 종류가 있을까?

타운스가
몇 장의 레이저 사진을 들고 와서
여섯 번째 수업을 시작했다.

레이저의 종류

　메이먼이 인류 최초로 레이저를 발진한 이래 현재까지 40여 종류의 레이저가 발명되었습니다. 이들 레이저를 크게 나누면 고체 레이저, 액체 레이저, 기체 레이저, 반도체 레이저, 자유 전자 레이저, X선 레이저의 여섯 종류로 나눌 수 있습니다. 그러나 여기서는 고체, 액체, 기체, 반도체 등 4가지 레이저에 대해서만 살펴보겠습니다.

레이저의 종류

고체 레이저

    고체 레이저에는 최초로 만들어진 루비 레이저, 네오디뮴-
야그 레이저 등이 있습니다.

    루비 레이저는 1960년에 인류 최초로 만들어진 3준위 레이
저입니다. 루비 레이저의 구조는 다음 페이지에 나오는 그림
과 같이 인조 루비 결정 막대에 크세논 섬광 램프를 감아 붙
이고, 양쪽에 거울을 배치한 형태입니다.

    루비 레이저 발진의 원리는 펌핑용 크세논 섬광 램프가 강
력한 펄스 광을 루비 막대에 비추면 이 섬광에 의해 인조 루

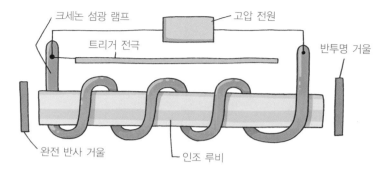

크세논 섬광 램프

고압 전원

트리거 전극

반투명 거울

완전 반사 거울

인조 루비

루비 레이저의 구조

비 막대 내에 있는 크롬 이온들이 들뜬상태로 올라가게 됩니다. 들뜬상태로 올라간 크롬 이온들은 높은 에너지 준위에서 오래 머무를 수가 없습니다. 그래서 크롬 이온들은 곧장 준안정 상태로 내려오는데 이때는 레이저가 발진하지 않습니다. 또한 준안정 에너지 준위에서는 크롬 이온들이 오래 머무를 수 있습니다.

즉, 크롬 이온들은 바닥상태에서 높은 에너지 준위로 올라갔다가 곧바로 준안정 상태로 떨어져 내려와 계속 쌓이기 때문에 결국 이온들의 밀도에 대한 반전 분포가 생깁니다. 따라서 준안정 상태(E_2)에서 바닥상태(E_1)로 떨어질 때는 유도 방출이 일어나 두 에너지 준위의 차인 $f_{21} = \dfrac{E_2 - E_1}{h}$ 의 진동 수를 갖는 빛이 방출합니다.

그러나 아직 이 빛으로는 레이저라고 말할 수 없습니다. 유도 방출에 의해 나온 이 빛들이 두 개의 평행한 거울 사이를 오가면서 결맞음이 일어나 증폭되어야 합니다. 이렇게 완전 반사 거울과 반투명 거울을 거쳐 증폭된 빛이 밖으로 빠져나왔을 때 비로소 레이저가 발진하게 되는 것입니다. 이런 과정을 거쳐 방출된 빛이 694nm의 파장을 갖는 루비 레이저광입니다.

초기 루비 레이저는 길이 2cm, 지름 1cm의 매우 작은 소형의 레이저였습니다. 최초로 레이저를 발진시켰다는 데 의미가 있을 뿐, 오늘날은 이 레이저를 사용하지 않습니다.

네오디뮴-야그(Nd-YAG) 레이저는 YAG(이트륨, 알루미늄, 가닛)에 약간의 네오디뮴(Nd)을 첨가해서 활성 매질로 사용하는 4준위 레이저입니다. 이 레이저는 1964년에 만들어

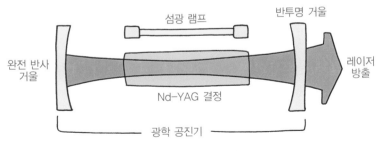

네오디뮴-야그 레이저의 기본 구조

졌으며, 파장이 1.06μm로 우리 눈에 보이지 않는 근적외선의 레이저를 방출합니다.

이온들이 들뜨도록 광펌핑시키는 빛으로는 섬광 램프의 강력한 빛을 사용합니다. 다섯 번째 수업 시간에 이미 설명했듯이 4준위 활성 매질은 바닥 준위, 높은 준위, 준안정 준위(E_2), 낮은 준위(E_1) 등의 4개의 에너지 준위로 구성되어 있습니다. 섬광 램프에 의해 펌핑된 이온들은 가장 높은 에너지 준위로 올라가게 됩니다.

그러나 이 높은 에너지 준위에서는 이온들이 오래 머무를 수가 없으므로 곧바로 준안정 준위로 떨어지게 됩니다. 이때는 자연 방출이기 때문에 레이저가 방출되지 못합니다. 그러나 준안정 준위(E_2)에 계속 쌓이던 이온들이 낮은 준위(E_1)로 한꺼번에 내려올 때 유도 방출이 일어나 두 에너지 준위의 차인 $f_{21} = \dfrac{E_2 - E_1}{h}$의 진동수를 갖는 빛이 방출하게 됩니다. 즉, $\lambda_{21} = \dfrac{hC}{E_2 - E_1}$의 파장을 갖는 빛이 방출됩니다.

앞의 루비 레이저에서 설명하였듯이 아직 이 빛으로는 레이저라고 말할 수 없습니다. 유도 방출에 의해 나온 이 빛들이 두 개의 평행한 거울 사이를 오가면서 결맞음이 일어나게 됩니다. 이렇게 완전 반사 거울과 반투명 거울 사이를 왕복하면서 빛은 증폭됩니다. 이 증폭된 빛이 밖으로 빠져나왔을 때 비로소 레이저가 발진하게 되는 것입니다. 이런 과정을 거쳐 방출된 빛은 파장이 $1.06\mu m$로 우리 눈에 보이지 않는 근적외선의 레이저가 방출됩니다.

여러분이 국립중앙과학관 기념품 가게에 가서 기념품을 사면 이름이나 마크를 그려주는 것을 볼 수 있을 텐데, 이렇게 글씨 새김에 사용되는 레이저가 바로 네오디뮴-야그 레이저입니다. 또한 네오디뮴-야그 레이저는 공업용 절단이나 내시경 수술을 할 때도 사용됩니다. 네오디뮴-야그 레이저는 이처럼 활용 범위가 매우 넓습니다.

액체 레이저

액체 레이저는 알코올 등의 액체에 색소와 같은 활성 분자를 분산시켜 만든 매질을 활성 매질로 사용하는 레이저를 말합니다. 액체 레이저에는 유기 레이저, 무기 레이저 등이 있는데, 보통 액체 레이저라면 색소 레이저를 말합니다. 액체 레이저의 특징은 다음 페이지 상단의 그림과 같이 가시광선 영역(380~720nm)의 파장 조정이 쉽기 때문에 여러 가지 색의 레이저 발진이 가능하다는 것입니다. 또한 피크 출력도

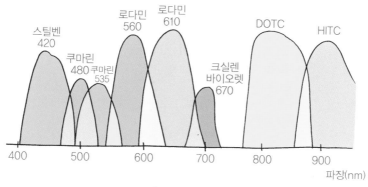

액체 레이저의 종류

수십 kW로 비교적 높습니다.

색소 레이저 역시 연속 레이저와 펄스 레이저로 구분할 수 있습니다. 연속 레이저는 선폭이 좁고 안정성이 높다는 장점이 있습니다. 펄스 레이저 역시 선폭이 좁고 안정성이 높으며 피크 출력이 강하고 파장 영역이 매우 넓습니다. 이러한 장점이 있음에도 불구하고 액체 레이저가 널리 활용되지 못하고 있는 이유는 여러 파장을 내기 위해서는 여기 레이저가 필요하기 때문입니다. 여기 레이저로는 아르곤(Ar), 크립톤(Kr) 레이저가 활용되고 있습니다.

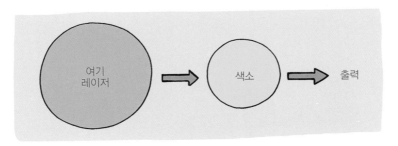

액체 레이저의 원리

기체 레이저

기체 레이저는 활성 매질을 기체의 원자나 분자를 혼합 기체로 사용하는 레이저를 말합니다. 기체 레이저에 사용되는 활성 매질로는 헬륨-네온 가스, 탄산가스, 아르곤 이온 가스, 구리 증기, 엑시머 등이 이용되고 있습니다. 여기서는 헬륨-네온 레이저, 탄산가스 레이저, 아르곤 레이저, 엑시머 레이저에 대해서 알아보겠습니다.

1962년에 발진된 헬륨-네온(He-Ne) 레이저는 출력 파워는 약하지만 장시간 동안 안정하게 연속적으로 632.8nm의 붉은색 파장을 방출하기 때문에 오늘날 학교 실험실에서나 계측 분야에서 가장 널리 활용되고 있는 레이저입니다.

헬륨-네온 레이저의 매질로는 헬륨(He)과 네온(Ne)의 혼합 기체를 5:1의 비율로 섞어 사용하고 있습니다. 기본 구조는 아래 그림과 같이 양극과 음극이 부착되어 있는 원통 모양의 유리관 내에 헬륨과 네온의 혼합 기체를 봉입한 것입니다. 오른쪽 끝의 거울이 완전 반사 거울이고 왼쪽이 반투명 거울로 구성된 공진기가 레이저를 증폭시키는 역할을 합니다.

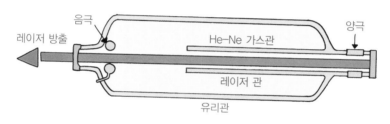

헬륨-네온 레이저의 원리

헬륨 − 네온 레이저는 1~10mW의 저출력으로 효율도 0.01~0.1%로 비교적 낮지만 수명이 2~3만 시간으로 장시간 사용할 수 있는 장점이 있는 레이저입니다.

탄산가스(CO_2) 레이저는 1964년에 발진된 레이저로 연속 발진 출력이 수십 kW나 되는 고출력 레이저입니다. 에너지 효율도 15~20%가 되어 가공 분야에 많이 활용되고 있습니다. 가공 분야에는 레이저에 의한 판금의 절단, 용접, 담금

질, 구멍 뚫기 등이 있습니다.

탄산가스 레이저는 4준위 레이저로 튜브 안에 탄산가스와 헬륨과 질소를 1 : 4 : 1의 비로 봉입하여 활성 매질로 사용하고 있습니다. 탄산가스 레이저는 헬륨—네온 레이저와 달리 목적에 따라 여러 형태의 장치가 이용되고 있습니다.

탄산가스 레이저는 발진된 여러 개의 광선 중에서 한 개를 골라 사용하기 위해서 공진기 한쪽에 회절격자를 놓습니다.

아르곤(Ar) 레이저는 1964년에 발진된 레이저로 1W 정도의 연속 출력이 가능한 레이저입니다. 열을 식히기 위해서 물을 사용하는 수냉식이 대부분이지만 공기를 사용하는 공랭식도 있습니다. 출력 파장은 녹색(514nm)과 청색(488nm) 사이에서 몇 가지 색의 파장을 낼 수 있습니다.

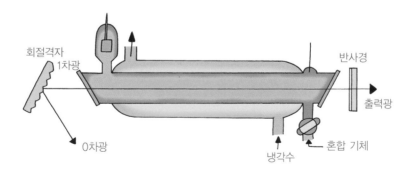

탄산가스 레이저의 기본 구조

엑시머(Eximer) 레이저는 짧은 파장 영역에서 고출력, 고효율의 레이저 빔이 필요하여 개발된 자외선 레이저입니다. 엑시머(Eximer)란 영어에서의 excited—dimer의 약자로서 들뜬상태에서만 존재하는 분자를 말합니다.

기본적인 원리는 플루오르와 크립톤 등 바닥상태에서는 결합하지 않는 두 개의 원자가 들뜨게 되면 엑시머 분자로 결합하게 됩니다. 들뜨게 된 엑시머 분자는 불안정하기 때문에 곧바로 바닥상태로 돌아가는데 이때 자외선을 방출하게 됩니다.

엑시머 레이저는 빛의 파장이 193nm, 248nm, 308nm 등으로 자외선 레이저입니다. 그리고 출력이 50~200W의 매우 강한 빛을 내는 레이저이기 때문에 화학, 고체 물리, 플라스마, 레이저 핵융합 등에서 중요하게 활용되고 있습니다.

또한 색소 레이저의 펌핑광으로도 사용됩니다. 산업, 연구용으로 사용되는 대표적인 엑시머 레이저로는 248nm의 파장을 갖는 KrF 레이저, 193nm의 파장을 사용하는 ArF 레이저가 있습니다.

반도체 레이저

반도체 레이저는 갈륨(Ga)과 비소(As)의 p형 반도체와 n형 반도체를 접합한 반도체 p−n 접합 다이오드에 전류를 흘려서 들뜨게 하여 레이저를 발진시키는 원리입니다. 갈륨과 비소의 p−n 접합 다이오드에 p형으로부터 n형 방향으로, 즉 순방향으로 전류를 흐르게 하면 p형 쪽에는 양의 전하를 가진 구멍이 증가하고, n형 쪽에는 음의 전하를 가진 전자가 증가합니다. 이 상태가 반도체 레이저의 들뜬상태입니다. 이 상태로부터 전자가 구멍과 재결합할 때 빛 에너지를 외부에 방출하는 것입니다.

p−n 접합 다이오드에 흐르는 전류를 크게 하면 구멍과 전자가 계속 증가하여 반전 분포가 형성됩니다. 그 때문에 왕성하게 유도 방출이 일어나 p형과 n형의 접합면으로부터 레이저가 발진합니다.

반도체 레이저를 크게 분류하면 거의가 주기율표 III−V족이나 IV−VI족에 속하는 화합물 반도체입니다. 즉, III족에 속하는 원소인 Ga, Al, In과 V족에 속하는 As, P와의 화합물 반도체이거나 IV족에 속하는 Pb, Sn과 VI족에 속하는 S, Se, Te와의 화합물 반도체입니다. III−V족에 속하는 화

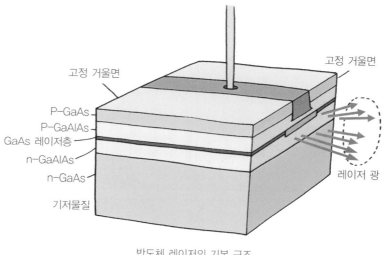

고정 거울면

고정 거울면

P–GaAs
P–GaAlAs
GaAs 레이저층
n–GaAlAs
n–GaAs

기저물질

레이저 광

반도체 레이저의 기본 구조

합물 반도체는 $0.6 \sim 2\mu$m의 파장의 레이저를 방출하고, IV−VI족에 속하는 화합물 반도체는 $2 \sim 30\mu$m의 파장의 레이저를 방출합니다.

이러한 반도체 레이저는 1962년에 처음 나왔고, 1970년에 실온에서 발진에 성공했습니다. 특히 III−V족에 속하는 AlGaAs계와 InGaAsP계의 레이저는 광통신에 널리 이용되고 있습니다. 반도체 레이저는 가볍고 사용하기가 안전하다는 장점이 있습니다. 그래서 가시광선 영역의 반도체 레이저는 중·고등학교의 실험실이나 레이저 포인터 등에 많이 활용하고 있습니다.

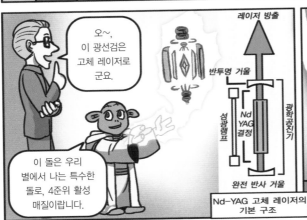

7

레이저는
어떤 **장점**이 있을까?

레이저는 일반적인 빛과 어떻게 다를까요?
레이저의 특성에 대해서 알아봅시다.

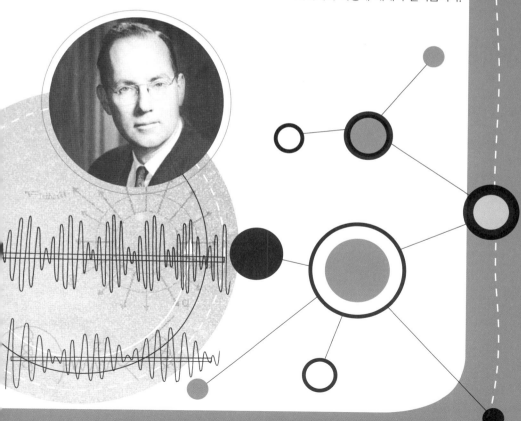

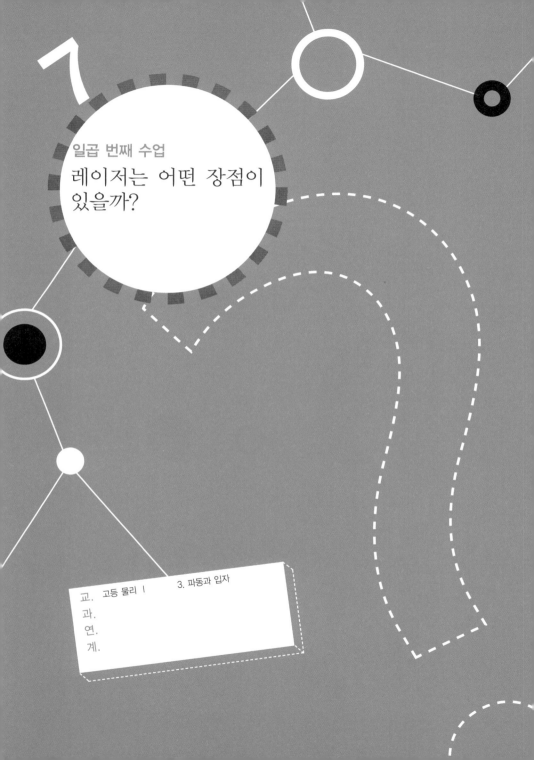

7

레이저는 어떤 장점이 있을까?

타운스가
영화의 한 장면을 보여 주면서
일곱 번째 수업을 시작했다.

레이저의 네 가지 특성

영화 〈스타워즈〉에서 기사 제다이의 스승 요다가 최강 다

스 시디어스를 상대로 최후의 광선검 겨루기를 하는 장면을 보면서, 여러분도 이런 광선검 하나쯤 있었으면 좋겠다고 생각했지요? 레이저로 이런 무기를 만들 날도 오지 않을까요? 아직은 만들지 못하고 있으니 영화의 한 장면일 뿐입니다. 그러나 〈스타워즈〉는 인간의 상상력이 얼마나 무한하고 위대한지를 보여 주는 영화라고 생각합니다.

레이저는 일반 광원과 달리 강력한 파워를 가지고 있기 때문에 레이저를 이용한 개인 무기가 만들어질 날도 그리 멀지 않을 것입니다. 만일 레이저 개인 무기가 만들어진다면 전쟁의 개념이 달라질 것입니다. 빛의 속도로 날아가는 레이저를 어떤 비행체가 피해갈 수 있을까요?

특성	자연광	레이저	응용의 예
직진성	퍼져 나가기 쉽다.	한 방향으로 직진한다.	광통신, 측량, 광디스크, 레이저 레이더
간섭성	여러 가지 빛이 나온다.	파장과 위상이 일치하는 파만 나온다.	간섭무늬, 홀로그램
휘도성	에너지 밀도가 매우 작다.	에너지 밀도가 매우 크다.	레이저 가공, 레이저 병기
단색성	여러 가지 파장의 빛을 포함하고 있다.	하나의 단일 파장이다.	분광 분석, 동위 원소 분리

자연광과 레이저의 특성 비교

레이저는 일반 광원과는 달리 멀리 나가도 퍼지지 않고, 빛이 매우 밝다는 장점이 있습니다. 지금부터 레이저의 이런 여러 가지 특성에 대해서 알아봅시다.

직진성

　　빛의 축제를 하거나 엑스포 개막식 전야제를 할 때 레이저 쇼를 하는 것을 보았지요? 형형색색의 레이저가 시원스럽게 쭉쭉 뻗어나가는 것이 신기하지 않았나요?
　　아래 사진은 미국 애틀란타에서 암벽에 레이저 쇼를 할 때의 광선 사진입니다. 사진에서 보는 것 같이 레이저는 넓게 퍼지지 않고 곧게 나가는 직진성이 매우 높은 빛입니다.

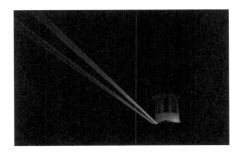

레이저의 직진성

그러나 햇빛과 같은 자연광은 거리의 제곱만큼 빛이 퍼져 나갑니다. 즉, 조명도가 거리의 제곱에 반비례하는 것입니다.

조명도 $L = \dfrac{I}{r^2}$

그러나 레이저는 퍼져 나가지 않고 그대로 직진합니다. 이와 같이 빛이 퍼지지 않고 직진하는 성질을 지향성이라고도 합니다.

레이저는 지향성이 높기 때문에 먼 거리를 진행시켜도 퍼지지 않고, 단위 면적당의 밝기도 거의 변하지 않습니다. 즉, 1W의 레이저는 1m를 진행하나 100m를 진행하나 에너지가 변하지 않고 그대로 집중되어 있습니다. 반면에 1W의 일반 광원의 경우, 광원으로부터 1m 떨어진 스크린에서의 밝기(조명도)는 $1W/cm^2$가 됩니다. 만약 이 광원을 2m 진행시키면 거리의 제곱만큼 비추는 면적이 $4cm^2$으로 커지고 스크린 상의 밝기(조명도)는 $\dfrac{1}{4}$로 줄어들어 $0.25W/cm^2$가 됩니다.

1962년에 달을 향해 쏜 레이저는 달 표면에 도달했을 때 퍼진 면적의 지름이 4km밖에 되지 않았다고 합니다. 지구에서 달까지의 거리가 38만 km인 것을 감안하면 놀라울 정도로 퍼지지 않고 직진하는 것을 알 수 있습니다.

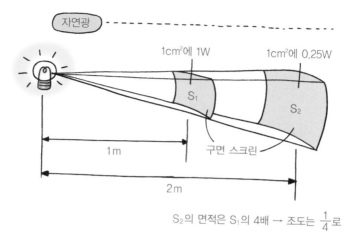

1cm²에 1W
1cm²에 0.25W

S₁
S₂

1m

구면 스크린

2m

S_2의 면적은 S_1의 4배 → 조도는 $\frac{1}{4}$로

레이저광

1점에 1W   1점에 1W   1점에 1W

1m

2m

100m

거리에 관계없이
조도는 거의 일정

일반 광원과 레이저 광선의 조명도 비교

간섭성

　다른 사람이 내가 하는 일에 참견을 할 때 우리는 "야, 간섭하지 마!" 라고 말하지 않나요? 간섭은 상대방에게 참견하는 것이지요. 간섭의 물리적 의미는 둘 이상의 같은 종류의 파동이 한 지점에서 만났을 때, 그 지점에서 서로 작용하여 강해지거나 약해지는 현상입니다.

　따라서 간섭은 내 고유의 파동이 있는데 상대방의 파동이 들어와 내 파동이 간섭당하고 있다는 뜻입니다. 이때 만들어 낸 파동이 아름다운 조화파가 되면 궁합이 서로 맞는 것이고, 아름답지 못한 비조화파를 만들면 서로 궁합이 맞지 않는 것입니다.

　다음 사진과 같이 두 개의 점 파원으로 물을 동시에 때려주

두 개의 파원에 의한 간섭 현상

면 두 개의 원형파가 퍼져 나가는데, 이때 두 원형파가 간섭하여 새롭게 밝고 어두운 무늬를 만듭니다. 이런 무늬를 간섭무늬라 하고, 이런 현상을 간섭 현상이라고 합니다.

빛도 마찬가지입니다. 간섭무늬를 만들 수 있는 광원을 간섭성 광원이라고 하는데, 파장과 위상이 매우 고른 단일광을 말합니다. 가장 대표적인 간섭성 광원이 바로 레이저입니다. 아래 그림과 같이 간섭성 광원이 두 개의 슬릿을 통과하면 두 광파는 서로 간섭하여 스크린에는 간격이 일정한 밝고 어두운 간섭무늬를 만듭니다.

간섭성에는 시간 간섭성과 공간 간섭성이 있습니다. 시간

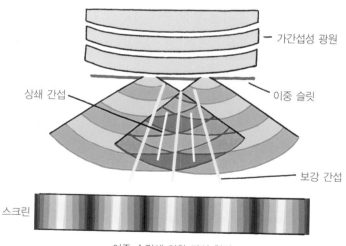

이중 슬릿에 의한 간섭 현상

적으로나 공간적으로 간섭성이 매우 높은 광원이 바로 레이저입니다. 그래서 레이저를 우리는 가간섭성 광원이라고도 하지요.

레이저가 발명되기 전에는 간섭무늬를 얻기가 굉장히 어려웠습니다. 그리고 빛이 '입자냐, 파동이냐' 로 논란이 일어났을 때 '빛은 파동이다' 라고 주장할 수 있는 강력한 증거가 없었습니다. 즉, 간섭성 광원이 없어서 빛의 파동성을 증명할 수 없었지요. 그때 영(Thomas Young, 1773~1829)이라는 과학자가 이중 슬릿에 의한 빛의 회절 간섭 실험으로 빛의 간섭성을 증명함으로써 빛의 파동성이 힘을 얻게 되었습니다.

그러나 여전히 자연광이 간섭성 광원이 아니기 때문에 빛의 파동적 성질을 뒷받침해 줄 수 있는 증거를 찾기가 어려웠습니다. 그러다가 1960년에 인류 최초의 레이저가 발명되면서 여러 종류의 간섭계가 나타나게 되었지요. 따라서 레이저의 발명은 '빛이 파동' 이라는 강력한 증거를 제시하는데 결정적인 역할을 하였습니다.

일반 자연광은 간섭되는 길이가 수 mm에 불과하지만 레이저 광은 수 km로 상당히 깁니다. 따라서 백열전구로는 간섭무늬를 관찰할 수 없지만 레이저를 사용하면 언제나 손쉽게 간섭무늬를 관찰할 수 있습니다.

휘도성

휘도란 발광체 표면의 밝기를 말하는데, 단위 면적당의 밝기로 그 정도를 나타냅니다. 즉, 단위 면적당 나오는 빛의 출력 밀도를 말합니다. 이 밝기의 단위는 lumens/cm²(루멘/제곱센티미터)로 단위 면적당의 광원의 밝기를 말합니다. 예컨대, 태양의 휘도는 1.5×10^5lumens/cm²입니다. 그리고 1mW의 헬륨－네온 레이저의 휘도는 2×10^7lumens/cm²로 태양보다 단위 면적당의 밝기가 훨씬 더 밝습니다.

레이저는 고휘도성을 가지고 있는 광원이므로 이런 특성을 이용하여 금속의 절단 가공에 활용하고 있습니다.

단색성

햇빛을 프리즘에 통과시키면 여러 가지 색깔로 분리됩니다. 겉으로 보기에는 빨강, 주황, 노랑, 초록, 파랑, 남색, 보라의 일곱 가지 색깔이 보이는 것 같지만 사실은 수많은 색깔로 더 분리할 수 있습니다. 이들 각각의 색광을 스펙트럼이라고 합니다.

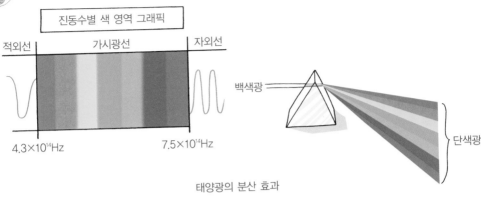

진동수별 색 영역 그래픽

적외선   가시광선   자외선

$4.3 \times 10^{14} Hz$ $7.5 \times 10^{14} Hz$

백색광

단색광

태양광의 분산 효과

    따라서 태양광의 파장 대 빛의 세기의 그래프를 그려 보면 선폭이 매우 넓습니다. 그러나 레이저는 단색이기 때문에 단일 파장만을 갖습니다.

    예컨대 헬륨—네온 레이저는 632.8nm라는 아주 예리한 단일 파장만을 갖습니다. 그래서 헬륨—네온 레이저를 눈으로 보면 아주 선명한 붉은색을 볼 수 있는 것입니다. 단색성의 빛은 간섭성 또한 높기 때문에 레이저는 간섭계에서 필수적인 광원이라고 할 수 있습니다.

    일반 광원과 달리 레이저는 이런 독특한 특성들이 있기 때문에 태양광과는 다른 용도로 널리 활용되고 있습니다. 레이저의 발명은 그동안 인간이 해결하지 못했던 여러 문제를 해

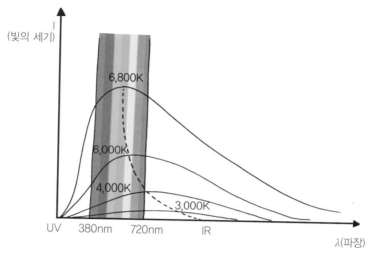

태양광의 파장 대 빛의 세기 그래프

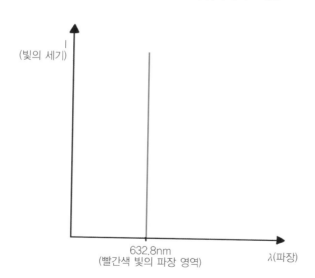

헬륨-네온 레이저의 파장 대 빛의 세기 그래프

결해 주었습니다. 그리고 기술자들은 레이저의 이런 특성을
이용하여 여러 가지 장치를 만들어 우리의 일상생활을 아주
편리하게 해 주고 있는데, 이에 대하여 다음 시간에 자세하
게 알아보도록 합시다.

박사님, 우리 지구에는 저런 광선검이 아직 개발되지 않았나요?

네. 아직 개발되지 않았지만, 충분히 가능한 이야기이죠.

우리 별에서도 레이저 광선검이 개발된 건 상당히 최근의 일이랍니다.

맞아요. 태양과 같은 일반 광원은 빛이 사방으로 퍼져 나가죠.

레이저 광선은 다른 빛과 달리 직진할 때 퍼져 나가지 않고 한 방향으로 직진하죠.

붕

숙

또한 일반 자연광보다 훨씬 멀리까지 뻗어나갈 수 있죠.

자연광

레이저

파바밧

눈부셔!!

그뿐만 아니라 이렇게 더 밝기도 하죠! 즉, 단위 면적당 나오는 빛의 출력 밀도가 높은 고휘도성의 성질을 가지고 있지요.

자연광

자연광에 비해 한 가지 색만 낼 수 있다는 장점도 있답니다. 즉, 활성 매질에 따라 해당하는 아주 예리한 단일 파장을 갖는 빛을 방출하지요.

레이저

파밧

우아~~!!

자, 보세요.

이렇게 파란 돌을 끼면 파란색, 노란 돌을 끼면 노란색이 된답니다!

8

레이저는 어디에 어떻게 활용되고 있을까?

레이저는 어디에 어떻게 활용되고 있을까요?
레이저의 활용에 대해서 알아봅시다.

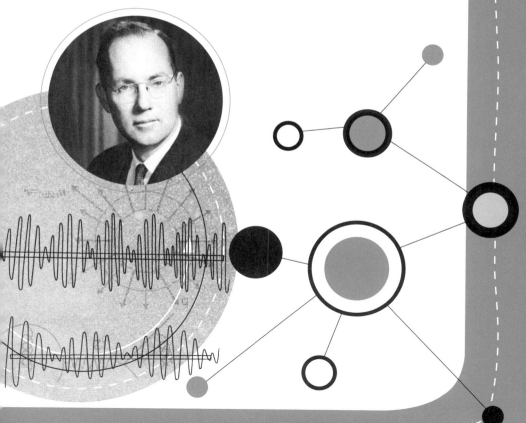

마지막 수업

레이저는 어디에 어떻게
활용되고 있을까?

타운스가 아쉬운 표정을 지으며
마지막 수업을 시작했다.

레이저의 다양한 활용

오늘날 레이저는 피부를 관리하는 일에서부터 적진을 공격하기 위한 유도 미사일에 이르기까지 매우 광범위하게 사용되고 있습니다. 인간이 만들어 낸 유일한 빛, 레이저는 이렇게 우리 생활 모든 분야에서 문명의 빛으로 세상을 바꾸어 놓고 있습니다.

지금부터 레이저가 기초 과학, 산업 공학, 의학 분야, 군사 분야, 일상생활, 교육 분야, 레이저 홀로그램, 예술 분야에서

어떻게 활용되고 있는지 알아봅시다.

기초 과학 분야와 산업 공학 분야에서의 레이저 활용

　기초 과학 분야에서의 레이저의 역할은 정말 대단합니다. 레이저가 발명되기 전에는 간섭성 광원이 없어서 빛의 파동성을 규명하기 어려웠습니다. 그러나 간섭성 광원인 레이저가 발명됨으로써 빛의 파동성을 명확하게 입증할 수 있었습니다. 파동성을 입증하는 실험으로는 마이컬슨 간섭계와, 패브리 페로 간섭계 등이 있습니다. 이들 간섭계에서는 모두 레이저를 사용하고 있지요. 다음 사진은 마이컬슨 간섭계를

간섭무늬

이용하여 관측할 수 있는 간섭무늬를 보여 줍니다.

간섭뿐 아니라 빛의 산란 현상이나 회절 현상도 간섭성 광원인 레이저 때문에 증명되었지요. 특히 레이저를 집광시켜 물질에 비추면 물질 속의 전자나 핵에 영향을 미칩니다. 우리의 눈에 보이지 않는 핵이나 전자에 레이저를 비쳐 그 행동을 관찰하는 분야를 비선형 광학이라고 합니다.

산업 공학 분야에서도 레이저는 다양한 역할을 하고 있습니다. 레이저는 단색성이나 지향성이 뛰어난 빛이기 때문에 거리, 위치, 속도 등을 정밀하게 측정하고자 할 때 매우 효과적으로 사용됩니다. 63빌딩을 건축할 때도 레이저의 직진성을 이용하였고, 달까지의 거리를 측정할 때도 펄스 광을 발사하여 반사되어 돌아오기까지 걸린 시간을 측정함으로써 거리를 측정할 수 있었습니다. 이 외에도 고속도로에서 속도 위반 차량 단속, 인공위성을 이용한 지구 형태의 정밀 측정, 구름의 높이 측정 등에도 널리 활용되고 있습니다.

고출력 레이저를 집광시키면 에너지 밀도가 최고로 높아져 초고온이 됩니다. 이 초고온의 레이저로 다이아몬드, 금속 등을 가공, 절단, 용접하는 데 유용하게 사용되고 있습니다. 고출력의 탄산가스 레이저는 금속의 용접에 자주 이용됩니다. 레이저 용접은 가열 용융식이므로 높은 결합력을 갖습니다. 용접 부위를 고배율의 현미경으로 관찰해 보면 용접을 하지 않은 부위보다 용접한 부위가 더 미세한 입자로 이루어져 있음을 알 수 있습니다. 또한 레이저 용접은 일반 용접과 달리 오염되지 않으므로 연결부가 더 균일하고 부식에 대해 더 큰 저항을 나타내는 이점이 있습니다.

레이저 절단은 레이저 재료 가공에서 가장 많이 사용되는 분야입니다. 레이저 절단의 중요한 변수는 파장, 출력, 빔의 품질, 초점의 크기 등에 의해 결정됩니다. 연속 레이저는 다양한 두께를 절단할 수 있으며, 펄스 레이저는 금속의 미세 절단에 사용됩니다. 그중에서도 파이버 레이저는 출력이 변하더라도 빔 집속(빛이 한군데로 모이는 일)은 변하지 않기 때

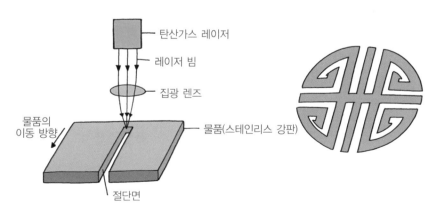

레이저에 의한 절단 시스템 및 절단품

문에 레이저 절단에 널리 쓰입니다. 특히 고온의 강철 같은 자동차 부품의 절단, 항공 우주용 알루미늄 합금과 티타늄 홀 절단, 조선과 철강 산업용 강판의 절단 등에 널리 쓰이고 있습니다.

광통신은 통신 역사에 새로운 장을 만든 역사적 사건입니다. 70년대만 해도 한 집에 한 대의 전화를 놓기가 어려웠습니다. 그러나 요즘은 가족 수만큼 전화기가 있습니다. 그뿐인가요? 집집마다 들어오는 광섬유 초고속 인터넷의 광케이블에는 수많은 레이저 신호로 가득 차 있습니다. 신나지 않습니까? 안방에 앉아서 세계 각국의 사람들과 옆에서 이야기하는 것처럼 정보를 공유할 수 있는 영광을 누리고 있는 것이지요. 그것은 전기 신호가 아닌 광 신호를 전송시켜 주는 광

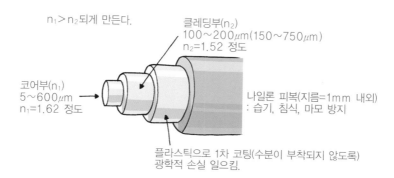

광섬유의 구조

섬유와 레이저 덕분이지요. 광통신용 레이저는 기본적으로 연속 레이저입니다.

중심부에 있는 광섬유를 코어부라 하고, 밖에 있는 부분을 클레딩부라고 합니다. 클레딩부보다 코어부가 굴절률이 더 커서 코어부로 들어간 레이저 신호는 다음 그림과 같이 전반사되어 광섬유를 따라 전송됩니다.

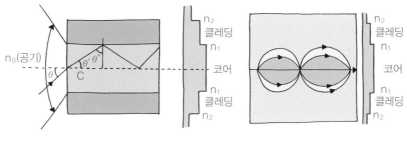

광섬유에서의 광통신

광 신호는 위의 왼쪽 그림과 같이 코어부에서 전반사되어 꺾이면서 전송되는 원리를 이용하지만 실제로는 광섬유 물질을 여러 층으로 만들어 각 층마다 굴절률이 다르게 배치합니다. 그러면 광선은 위의 왼쪽 그림과 같이 꺾이지 않고, 위의 오른쪽 그림과 같이 뱀이 기어가는 것처럼 부드러운 파형으로 전송됩니다. 이것은 마치 별빛이 우리 눈으로 들어올 때 대기의 분포 때문에 부드럽게 휘어져 들어오는 현상과 같은 원리입니다.

의학 분야에서의 레이저 활용

의학 분야에서의 레이저 활용 역시 눈부시게 발전하였습니다. 1960년에 메이먼이 헬륨−네온 레이저를 발명하면서부터 과학자들은 어떻게 하면 레이저를 의료 분야에 활용할 수 있을까를 고민하였습니다. 그로부터 50년이 지난 지금 레이저 수술, 암세포 파괴, 류머티즘 치료, 결석 파쇄, 시력 교정 시술, 주름 제거, 탈모 등 상상할 수 없을 만큼 많은 분야에서 레이저가 활용되고 있습니다. 그 이유는 레이저로 치료를 할 경우에 다음과 같은 이점이 있기 때문입니다.

첫째, 비접촉식 치료이므로 바이러스의 감염이 적다.
둘째, 고열로 환부를 태워 자르므로 응고성이 높고 지혈이 잘된다.
셋째, 국소적 치료가 가능하다.
넷째, 암 조직의 광학적 치료가 가능하다.
다섯째, 광파이버를 사용하면 수술하지 않고도 암세포를 제거할 수 있다.

여섯째, 환자의 통증을 줄일 수 있다.

일곱째, 출혈이 작아 의사의 공포심을 줄일 수 있다.

레이저 치료의 가장 큰 장점은 역시 칼로 수술하지 않고 레이저로 원하는 부위만 잘라서 수술할 수 있다는 것입니다. 이때 지혈이 잘되고, 응고성이 높으므로 출혈이 적어 환자는 덜 고통스럽고, 의사에게는 수술의 부담감을 덜어주는 효과적인 치료라고 할 수 있습니다. 어떻습니까? 환상적이지 않나요? 과학 기술의 발전이 인간을 고통으로부터 해방시키고 있다는 강력한 증거입니다.

얼굴에 점이 있어서 고민하나요? 아니면 여드름이 많아서 고민하나요? 걱정할 필요가 없습니다. 탄산가스 레이저나 다이오드 레이저 시술로 간단하게 해결할 수 있습니다. 레이저로 여드름을 치료하면 여드름 균도 죽이면서 피지선을 수축시켜 잡티 등의 색소증이 개선되는 효과도 있습니다. 주근깨나 사마귀가 있다고요? 다리에 털이 많아 걱정입니까? 걱정하지 마세요. 헬륨-카드뮴 레이저나 질소 레이저, 엑시머 레이저로 깨끗하게 제거할 수 있습니다.

'암' 하면 우선 두렵지 않나요? 식도암, 위암, 대장암, 췌장암, 자궁암 등 많은 암이 있습니다. 이런 암을 수술할 때도 레이저를 사용합니다. 예컨대 위(胃)에 생긴 암이나 종양을 제거할 때 절개하여 시술하지 않고 입으로 광섬유를 삼키게 합니다. 그리고 광섬유에 레이저 광선을 집어넣어 암이나 종양 부분만을 태우고 잘라내는 방법을 사용합니다.

최근에는 '라만 분광법'을 이용해서 암세포와 정상 세포를 구분할 수 있는 방법이 개발되었습니다. 이 기술은 세포나 조직에 레이저를 비추면 빛이 산란되는 정도로 암세포를 찾아내는 방법입니다. 이렇게 찾아낸 암을 선택적으로 치료하는 방법이 개발되고 있습니다. 이제 암도 정복될 날이 멀지 않았습니다.

이 밖에도 레이저는 혈류 검사나 내시경용 바이러스 제거에도 활용되고 있습니다.

군사 분야에서의 레이저 활용

군사 분야에서의 레이저의 활용은 가장 눈부신 발전을 보여 왔습니다. '레이저' 하면 가장 먼저 떠오르는 이미지가 무엇인가요? 영화 〈스타워즈〉에서 기사 제다이가 사용하던 광선 검인가요? 아니면 레이저 총인가요? 아니면 영화 〈스타워즈)가 현실적으로 나타난 미국의 미사일 방어 시스템인 MD 스타워즈 계획인가요? 과학 기술과 군사 무기는 야누스의 두 얼굴처럼 항상 긍정과 부정의 두 얼굴을 가지고 있습니다.

의학이나 기초 과학 분야에서 레이저가 인류에 긍정적으로 공헌하고 있다면 군사 분야에서는 인간을 살상하는 무기로 부정적 이미지를 가질 수도 있습니다. 현재는 레이저가 직접 살상 무기로 사용되기보다는 명중률을 높이기 위한 보조 수단으로 많이 활용되고 있습니다.

레이저 광선을 사용하여 적의 탱크를 일순간에 파괴시키는 병기를 만들기 위해서 노력하고 있지만 아직 그런 무기는 개발되지 못했습니다. 그 이유는 탱크를 순식간에 파괴할 강력한 레이저를 방출할 수 없기 때문입니다.

현재 사용하고 있는 강력한 레이저는 수백 kW급의 탄산가스 레이저이지만 출력을 높이는 데 한계가 있습니다. 따라서 현대전에서는 레이저의 출력 파워로 상대를 공격하기보다는 미사일을 유도하여 적의 탱크를 파괴하는 간접 유도 폭탄의 역할을 하고 있습니다.

즉, 레이저 유도 병기의 원리는 적외선 레이저가 공격 지점을 비추고 있으면 스텔스 폭격기(적에게 보이지 않는 폭격기)에서 레이저 유도 폭탄을 발사하여 명중시키는 것입니다. 이 방법은 명중률이 높아 탄약의 낭비를 줄일 수 있고 민간인 사상자를 최대로 줄일 수 있다는 이점이 있어 베트남 전쟁에서 큰 성과를 올렸습니다.

　이런 레이저 유도 폭탄을 '스마트 폭탄'이라고 합니다. 그럼에도 불구하고 미국은 베트남전에서 패배를 하였습니다. 그 이유는 무엇일까요? 전쟁은 무기로 하는 것이 아니라 국민들과 군인들의 정신력으로 하는 것입니다. 이길 수 있다는, 이겨야겠다는 정신력이 그 어떤 신무기보다도 중요합니다.

일상생활에서의 레이저 활용

　일상생활에서의 레이저는 우리가 알아채지 못하는 사이에 이미 우리 생활의 일부가 되어 버렸습니다. 편의점이나 서점, 옷가게 등 어디를 가도 계산대에 서면 바코드 리더(판독기)가 레이저 광으로 바코드를 읽는 것을 쉽게 볼 수 있습니다. 우리는 이렇게 레이저 세상에 살고 있습니다. 레이저 스캐너에 의한 바코드 리더기의 기본적인 원리는 다음 페이지에 나오는 그림과 같습니다.

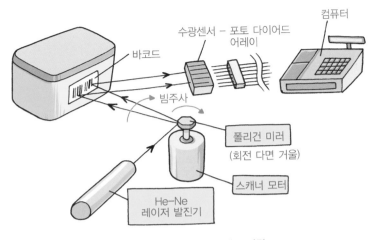

레이저 스캐너의 바코드 판독 과정

그림에서 보듯이 적색광인 632.8nm의 헬륨-네온 레이저에서 발진된 레이저는 회전 다면 거울에서 반사되어 레이저 빔으로 바코드를 비춥니다. 바코드에 닿은 빛은 휘도가 높아서 바코드의 줄무늬 상태에 따라 반사광을 내보내면 이 반사광은 수광센서로 들어가 바코드화된 상품의 종류, 제조 일자, 가격 등의 정보를 재빠르게 판독하여 컴퓨터로 보냅니다. 그러면 컴퓨터에서는 계산을 하여 모든 정보를 인쇄하는 것입니다.

음악 감상하기를 좋아하지요? 음악용 CD 플레이어도 전형적인 레이저 기술 응용 제품입니다.

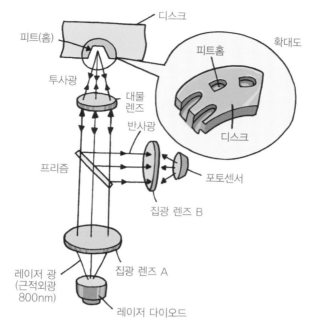

디스크

피트(홈)

투사광

대물
렌즈

반사광

프리즘

포토센서

집광 렌즈 B

확대도

피트홈

디스크

레이저 광
(근적외광
800nm)

집광 렌즈 A

레이저 다이오드

광픽업의 개요

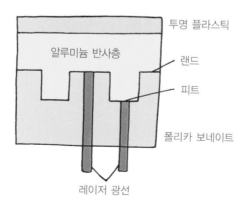

투명 플라스틱

알루미늄 반사층

랜드

피트

폴리카 보네이트

레이저 광선

CD판

에디슨의 바늘식 레코드판으로 음악을 들을 때는 바늘이 레코드판을 문지르는 방식인데 반하여 CD 플레이어에서는 800nm의 근적외선 레이저가 CD판에 반사되어 기록된 디지털 신호를 판독하는 방식입니다. 따라서 여러 번 들어도 CD 면이 깎이지 않고 음질이 변하지 않습니다. 이 방식은 그림에서 볼 수 있는 것처럼 레이저 다이오드에서 방출된 레이저 광이 집광 렌즈를 통해 평행광으로 바뀌고, 이 평행광은 대물렌즈를 통해 집광되어 디스크의 홈에 비쳐지게 됩니다. CD판은 랜드와 피트로 되어 있습니다. 집광된 레이저 광이 그림과 같이 랜드와 피트에서 반사되어 0, 1, 0, 1, 0, 1…의 2진수의 원리로 디지털 신호를 읽는 방식입니다.

CD판에 아름다운 무지개색이 생기는 이유도 자연광이 랜드와 피트에서 반사될 때 회절 간섭하여 생기는 무늬입니다.

교육 분야에서의 레이저 활용

교육 분야에서 가장 흔하게 사용되는 레이저는 반도체 레이저와 헬륨－네온 레이저일 것입니다. 모든 레이저와 마찬가지로 반도체 레이저나 헬륨－네온 레이저도 광선을 직접 볼 수가 없습니다. 그래서 반도체 레이저 앞에 원통의 유리 기둥을 놓으면 아래의 사진처럼 레이저 광선이 우리 눈에 보입니다. 이 광선으로 빛의 성질인 직진, 반사, 굴절 등의 현상을 직접 눈으로 확인해 볼 수 있습니다.

  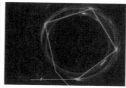

레이저 광선에 의한 빛의 직진, 반사 현상

반도체 레이저 앞에 원통의 유리 기둥을 놓아서 만든 레이저를 '선반도체 레이저'라고 합니다. 선반도체 레이저의 원리는 레이저 광 다발이 원기둥으로 들어오면 각각의 광선이 둥근 원기둥의 표면에서 각각 굴절하여 모아진 빛이 광선으로 나타나는 것입니다. 이 선반도체 레이저는 기하광학 실험을 하는 데 아주 유용하게 사용됩니다.

그러나 빛의 파동성을 실험할 때는 반도체 레이저를 사용하지 않고 헬륨-네온 레이저를 사용합니다. 헬륨-네온 레이저는 파장이 632.8nm로서 빨간색으로 나타납니다. 다음 사진들은 구멍의 모양에 따라 생기는 회절 간섭무늬를 나타

낸 것입니다.

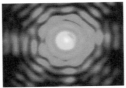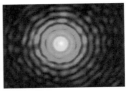

구멍의 모양에 따른 회절 간섭무늬

　이 사진들을 자세히 관찰해 보면 구멍의 축이 몇 개냐에 따라 무늬의 개수가 달라지는 것을 발견할 수 있을 것입니다. 예컨대 삼각형 구멍은 변이 3개이므로 회절무늬의 개수도 3개로 나타납니다. 팔각형 구멍은 변이 8개이지만 마주보는 변은 서로 평행이므로 축이 4개뿐입니다. 따라서 회절무늬의 개수도 4개로 나타납니다.

　그러면 원형 구멍일 때는 몇 개의 회절무늬가 나타날까요? 생각해 보세요. 여러분의 관찰력과 분석력을 발휘할 때입니다. 이 외에도 레이저가 교육 분야에서 사용되는 사례는 많습니다.

레이저 홀로그램

혹시 부산에 있는 LG 사이언스 홀에 가봤나요? 생명 과학 코너에 가면 홀로그램을 통해 우리 몸을 구성하고 있는 단백질과 DNA, 뼈와 신경, 그리고 근육을 차례로 볼 수 있습니다. 3차원 홀로그램 사람들이 생생하게 움직이는 것이 환상적이지요? 이렇게 3차원 입체로 우리들이 늙어가는 과정을 볼 수 있는 것 모두가 레이저 홀로그램 덕분입니다.

이런 홀로그램은 공중에 3차원으로 나타나기 때문에 엉겁

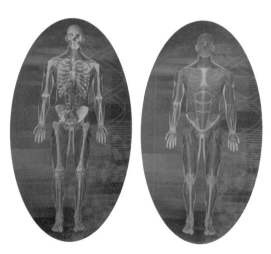

보는 각도에 따라 다르게 보이는 인체
(자료 출처 : 부산 LG 사이언스홀)

결에 손으로 만져보고 싶은 충동을 느낍니다. 그러나 잡으려
해도 잡히지 않는 영상물은 그야말로 도깨비가 나타난 것 같
은 착각이 들게 합니다. 그러나 도깨비가 아니고 현대 과학
문명의 산물, 레이저가 만들어 낸 새로운 영상물인 홀로그램
입니다.

　이처럼 신기한 기술인 홀로그램은 어떤 원리로 작동되는
것일까요? 홀로그램은 홀로그래피에서 발전된 기술인만큼
홀로그래피의 원리로부터 살펴볼 필요가 있습니다.

　홀로그래피의 기본적인 원리는 광 분할기(beam splitter)
를 사용하여 레이저에서 나온 간섭성 빛을 둘로 나누어 하나

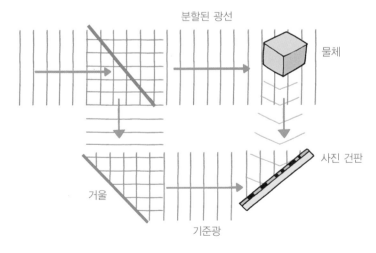

간섭무늬 얻는 과정

의 광선은 물체를 비추게 합니다. 그러면 피사체에서 난반사된 광선이 홀로그래피 필름에 도달하게 됩니다. 이 광선을 물체광(object beam)이라고 합니다. 나머지 다른 하나의 광선은 볼록 렌즈로 확산시켜 직접 홀로그래피 필름에 비춥니다. 이 광선을 기준광(reference beam)이라고 합니다. 필름 건판상에 이 물체광과 기준광이 중첩되어 간섭무늬를 만드는데, 이 간섭무늬를 기록한 사진을 홀로그램이라고 합니다.

이렇게 만들어진 홀로그램 사진을 우리 눈으로 보고 싶을 때는 홀로그램 사진에 기준광과 같은 빛을 쪼여주면 간섭무

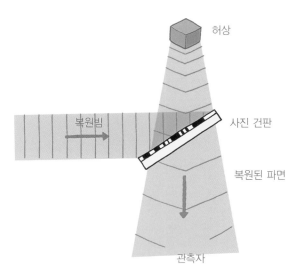

홀로그램을 얻는 과정

닉가 회절격자 역할을 해서 빛이 회절되는데, 이 회절광이 모인 것이 마치 처음 물체에서 반사해서 생긴 빛처럼 3차원적인 물체의 영상으로 공중에 나타납니다.

이렇게 하여 생긴 재생상은 대단히 생생하고 입체감을 주기 때문에 보는 사람으로 하여금 손을 대보고 싶은 충동을 일으키게 합니다. 이 재생상을 보는 사람은 여러 각도로 위치를 바꾸어 가면서 볼 수 있고, 머리를 아래위로 올리거나 좌우로 이동시킴으로써 물체를 보다 입체적으로 볼 수 있습니다. 이것이 바로 홀로그램 사진을 만들고 연출하는 원리입니다.

이렇게 만들어진 홀로그램 사진은 기존의 보통 사진과는 두 가지 점에서 다릅니다.

보통 사진은 사진을 찍을 때 음화(negative)로 먼저 얻은 다음에 흑백이 반대로 되는 양화(positive)로 바꿈으로써 물체의 상이 얻어집니다. 그러나 홀로그램 사진은 음화, 양화와 관계없이 3차원 물체 상을 얻는다는 것입니다. 또 하나는 사진 건판상에 나타난 모양이 다르다는 것입니다. 보통 사진에는 건판상에 물체의 상이 그대로 나타나지만 홀로그램 사진은 건판상에 아무런 모양이 보이지 않습니다. 앞에서 설명한 것처럼 아무것도 보이지 않는 홀로그램 사진에 기준광과 같은 빛을 쪼여주어야 비로소 물체의 상이 얻어집니다.

예술 분야에서의 레이저의 역할은 시대적 산물로서 예술가들에게 새롭게 다가서고 있습니다. 레이저가 하나의 재료로써 예술계에 등장하면서 예술은 종래의 예술적 개념을 뛰어넘어 '공간＋빛＋움직임＋색채'가 만들어 내는 새로운 예술 세계를 만들어 내고 있습니다. 전시 공간이라는 제한된 공간에 레이저 광을 거울에 반사시켜 역동적이며 환상적인 세계를 연출하는 기법이 현대 예술의 한 장르입니다.

레이저는 다른 어떤 빛보다도 미학적인 요소를 많이 지니고 있습니다. 예컨대 레이저는 색채의 선명도나 투명도가 높아서 환각을 일으킬 정도로 아름답습니다. 그리고 파장을 가변시켜 가면서 연출할 수 있어 대규모 연출이 가능합니다. 또한 레이저의 직진성으로 주변 기기의 도움을 받아 다양한

환상적인 거울의 방

이미지를 창출해 낼 수 있다는 점 또한 큰 의미가 있습니다.

이러한 레이저의 이점 때문에 작가들은 레이저를 적극 활용하여 그들의 예술적 심미안을 빛으로 표현하곤 하였습니다. 특히 1993년에 개최된 대전 세계 박람회 때는 아름다운 레이저 쇼가 물 스크린에 환상적으로 펼쳐졌습니다. 한빛탑의 벽면을 스크린으로 펼쳐진 레이저 쇼는 레이저의 새로운 가능성을 우리에게 보여 준 계기가 되었습니다.

또한 최근에는 경주 세계 문화 엑스포 행사장에 설치된 황

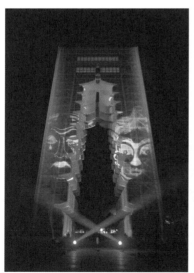 

경주 엑스포의 레이저 쇼
(자료 출처 : 경주 세계 문화 엑스포)

룡사 구층탑 모형에서 실시간 3차원 컴퓨터 영상에 의한 입체적인 음향과 환상적인 레이저 쇼의 시연은 앞으로 공연 예술에서 최첨단 과학 기술과 예술이 어떻게 접목될 수 있는지의 가능성을 보여준 것이었습니다.

'지금까지 우리는 빛이란 무엇일까?'에서부터 시작하여 레이저의 산물 홀로그램까지 공부해 보았습니다. 신은 "빛이 있으라!"는 한마디 말씀으로 빛을 만들었지만 우리 인간은 왜(why)와 어떻게(how)의 입장에서 오랜 시간 고민하고 궁리한 끝에 레이저라는 인류의 빛을 만들어 냈습니다. 그 결과 우리는 지금 과학의 빛, 문명의 빛의 레이저 세상에 살고 있습니다.

최첨단 과학 기술 시대를 살고 있는 현대인이라면 적어도 레이저 광은 어떻게 나오는지 또, 어떤 특성을 가지고 있는지 그리고 이 문명의 빛을 어떻게 활용할 수 있을 것인지 늘 고민해 보면서 살아야 합니다.

늘 호기심을 갖고 남과 다른 생각, 남과 다른 의견, 남과 다른 아이디어를 내면서 살아야 여러분이 상위 레벨로 점핑할 수 있습니다. 여러분의 에너지를 쓸데없이 낭비하지 말고 비축하세요. 플라타너스 나뭇잎에 작은 물방울을 가두어 두듯 비록 작은 에너지라도 버리지 말고 저장해 두세요.

그리고 기회가 왔을 때 나무 기둥을 발로 차듯이 유도 방출을 시키세요. 여러분의 비축된 아이디어가 외부 세계에서 큰일을 할 수 있을 때 자극을 주어 한꺼번에 방출시키는 것입니다. 그렇다고 레이저가 방출되지 않듯 아직 성공의 축배를 드는 것은 이릅니다. 유도 방출된 빛을 레이저 공진기에 넣어 수만 번 중첩시켜 증폭시키듯 여러분의 에너지 또한 앞뒤 거울로 반사시켜 더 큰 에너지로 만들어야 합니다.

여러분의 새로운 아이디어가 상품이 되어 빛을 보기 위해서는 앞뒤 거울에 반사시켜 증폭시키지 않으면 안 됩니다. 많은 사람들의 협조, 모니터링이 있어야 성공할 수 있습니다. 레이저의 원리를 통해서 여러분들이 이런 아이디어를 배웠으면 좋겠습니다.

만화로 본문 읽기

아직 저런 광선검은 없지만 우리도 레이저를 아주 유용하게 사용하고 있답니다.

지ㅡ

산업 공학 분야에서 레이저는 다양한 역할을 하고 있죠. 레이저의 직진성을 이용해 달까지의 거리를 측정하기도 했죠.

재료 가공에서 많이 쓰이는 고출력 레이저는 다이아몬드나 티타늄 등 산업용 강판의 절단 등에 많이 쓰이죠.

파바바

오~, 이건 제 광선검과 비슷한데요?

그리고 초고속 인터넷에도 레이저가 쓰인답니다.

인터넷에도 쓰인다고요?

그뿐만 아니라 우리가 마트에서 물건을 살 때 쓰는 바코드도 레이저 기술을 이용한 거죠. 바코드에 레이저 빔을 쏘는 거랍니다.

슝ㅡ

안녕~!!

지구인들 덕분에 무사히 고향 별로 돌아갑니다. 모두 훌륭한 과학자가 되길 바랍니다.

  타운스는 1915년 미국에서 태어나 퍼먼 대학에서 물리학을 공부했으며, 19살의 나이에 최고의 성적으로 졸업하였습니다. 1936년에는 듀크 대학에서 물리학 석사 학위를 받았고, 캘리포니아 공과 대학의 대학원에 들어갔습니다. 그리고 1939년에 동위 원소 분리와 핵스핀으로 박사 학위를 받았습니다.

  그는 군대에 있는 동안 강력한 전자기파를 얻기 위해 원자와 분자의 구조를 연구하다가 새로운 분광법을 찾아내는 데 기여하였습니다. 제대한 후 1933년에서 1947년까지 벨 연구소에서 기술자로 일했습니다. 그는 제2차 세계 대전 중 레이더 폭탄 시스템을 디자인하는 일을 하였습니다.

1948년에는 컬럼비아 대학의 물리학과 조교수가 되었으며, 1950년에 교수가 되었습니다. 컬럼비아 대학에 있는 동안 분자, 원자, 핵의 연구로 극초단파 스펙트럼에 대해서 연구를 하였습니다. 특히 1951년에는 메이저에 대한 아이디어를 생각하게 되었고, 고든, 숄로와 함께 활성 매질로 암모니아 기체를 사용하는 전자기파 증폭 장치를 만들기 시작하였습니다. 그 결과 1954년에 첫 번째로 자극 방출에 의한 전자기파를 얻어내는 데 성공했습니다. 타운스와 그의 동료들은 이 장치를 '메이저'라고 이름 지었습니다.

1958년에 타운스와 숄로는 '적외선 영역에서 광학적으로 작동할 수 있는 시스템'에 대해서 이론적으로 규명하였습니다. 이 아이디어는 그 후 적외선 메이저 또는 레이저를 발명하는 데 결정적 역할을 하게 됩니다. 결국 타운스는 '메이저의 이론과 응용'에 대한 업적으로 1964년에 노벨 물리학상을 수상하였습니다.

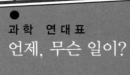

과 학 연 대 표
언제, 무슨 일이?

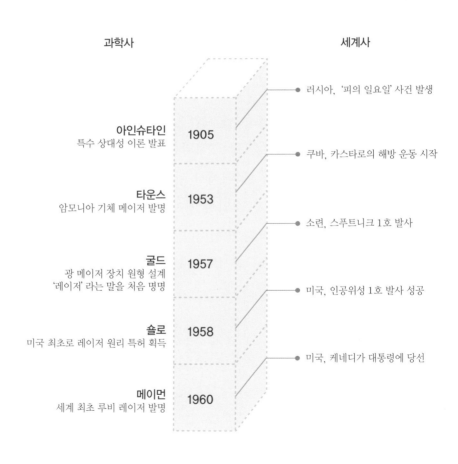

과학사		세계사

러시아, '피의 일요일' 사건 발생

아인슈타인
특수 상대성 이론 발표 / 1905

쿠바, 카스타로의 해방 운동 시작

타운스
암모니아 기체 메이저 발명 / 1953

소련, 스푸트니크 1호 발사

굴드
광 메이저 장치 원형 설계
'레이저'라는 말을 처음 명명 / 1957

미국, 인공위성 1호 발사 성공

숄로
미국 최초로 레이저 원리 특허 획득 / 1958

미국, 케네디가 대통령에 당선

메이먼
세계 최초 루비 레이저 발명 / 1960

1. 백열전등은 자연 광원이 아닌 ☐☐ ☐☐입니다.

2. 빛 에너지는 연속적인 값을 갖지 않고 ☐☐☐☐인 값을 갖습니다.

3. ☐☐☐은 양성자와 중성자로 구성되어 있습니다.

4. 메이저라는 이름을 지은 사람은 ☐☐☐이고, 레이저라는 이름을 처음 지은 사람은 ☐☐입니다.

5. 레이저 광이 발진하기 위해서는 낮은 상태의 원자나 전자를 높은 상태로 ☐☐해 주어야 합니다.

6. 최초의 레이저인 루비 레이저는 ☐☐☐레이저이고, 헬륨–네온 레이저는 ☐☐☐레이저입니다.

7. 레이저 광의 4가지 특성은 직진성, ☐☐☐, 휘도성, ☐☐☐입니다.

8. 빛이 방출되는 방법에는 자연 방출과 ☐☐ ☐☐이 있습니다.

정답: 8. 유도 방출

1. 인공 광원 2. 불연속적인 3. 원자핵을 4. 타운스, 굴드 5. 펌핑 6. 3준위, 4준위 7. 간섭성, 단

광학 컴퓨터 기술을 위한 나노 레이저

과학자들은 끊임없이 전자 칩에 전자 대신에 빛을 사용하여 초소형·초고속 새로운 컴퓨터를 만들 수는 없을까를 고민해 왔습니다. 그러나 현재의 기술로는 레이저를 전자 칩에 집적시킬 만큼 충분히 작게 만들 수는 없습니다.

최근에 초소형·초고속 새로운 컴퓨터를 작동시킬 수 있는 새로운 아이디어와 기술이 속속 개발되고 있습니다. 그 한 예가 바로 나노 포토닉(nano photonic) 회로에 기초한 미래 광학 기술입니다.

컴퓨터 정보를 처리하기 위한 전자 신호 대신에 빛을 사용하는 나노 레이저 기술은 나노 포토닉이 실현되기 위한 필수적 과정입니다. 나노 레이저의 크기는 지름이 44nm의 구 모양입니다. 이 나노 레이저는 혈액 내부에 들어갈 수 있는 수십억 분의 1m보다 작은 크기입니다.

이 구 모양은 기기가 레이저로서 동작하는 데 필요한 광학적 특성을 수행하도록 코넬 대학과 노폭주립대 및 퍼듀 대학에서 만들어졌습니다. 이 발견은 텔아비브대학의 물리학자 데이비드 버그먼과 조지아주립대학의 마크 스톡먼에 의해서 확인되었습니다. 이 구 모양의 나노 레이저는 가시광선 파장보다 훨씬 더 작은 규모의 영상과 센싱을 할 수 있는 활용성을 가지고 있습니다.

　이러한 구 모양은 녹색 염료로 가득 찬 유리 모양의 껍질로 둘러싸여져 있으며 빛을 구 모양에 비추면 플라즈몬(plasmon : 전자 가스의 종파(縱波) 양자(量子))은 염료에 의해 확장됩니다. 확장된 플라즈몬들은 가시광선의 광자로 변화되어 레이저로 방출됩니다.

　일반적인 레이저들은 광학 공진기가 반드시 필요하기 때문에 레이저를 작게 만드는 데 제한을 받고 있습니다. 그러나 과학자들은 광자가 아닌 표면 플라즈몬을 사용함으로써 이러한 문제점을 극복하려고 노력하고 있습니다. 나노 레이저는 초소형 컴퓨터나 DNA를 볼 수 있는 의료 공학에 활용될 수 있는 새로운 분야이기 때문에 앞으로 크게 주목받게 될 것입니다.

찾아보기
어디에 어떤 내용이?

과학자가 들려주는 과학 이야기 (전 130권)

정완상 외 지음 | (주)자음과모음

위대한 과학자들이 한국에 착륙했다!
어려운 이론이 쏙쏙 이해되는 신기한 과학수업,
〈과학자가 들려주는 과학 이야기〉 개정판과 신간 출시!

〈과학자가 들려주는 과학 이야기〉 시리즈는 어렵게만 느껴졌던 위대한 과학 이론을 최고의 과학자를 통해 쉽게 배울 수 있도록 했다. 또한 지적 호기심을 자극하는 흥미로운 실험과 이를 설명하는 이론들을 초등학교, 중학교 학생들의 눈높이에 맞춰 알기 쉽게 설명한 과학 이야기책이다. 특히 추가로 구성한 101~130권에는 청소년들이 좋아하는 동물 행동, 공룡, 식물, 인체 이야기와 최신 이론인 나노 기술, 뇌 과학 이야기 등을 넣어 교육 과정에서 배우고 있는 과학 분야뿐 아니라 최근의 과학 이론에 이르기까지 두루 배울 수 있도록 구성되어 있다.

★ 개정신판 이런 점이 달라졌다! ★

첫째, 기존의 책을 다시 한 번 재정리하여 독자들이 더 쉽게 이해할 수 있게 만들었다.

둘째, 각 수업마다 '만화로 본문 보기'를 두어 각 수업에서 배운 내용을 한 번 더 쉽게 정리하였다.

셋째, 꼭 알아야 할 어려운 용어는 '과학자의 비밀노트'에서 보충 설명하여 독자들의 이해를 도왔다.

넷째, '과학자 소개 · 과학 연대표 · 체크, 핵심과학 · 이슈, 현대 과학 · 찾아보기'로 구성된 부록을 제공하여 본문 주제와 관련한 다양한 지식을 습득할 수 있도록 하였다.

다섯째, 더욱 세련된 디자인과 일러스트로 독자들이 읽기 편하도록 만들었다.

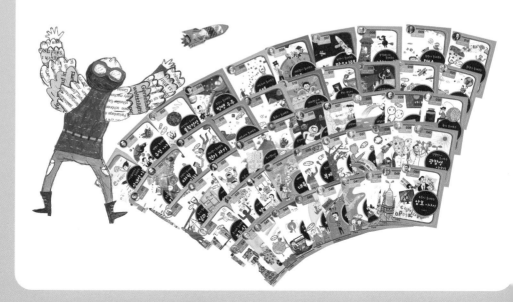